対話学習
日本の農耕

守田志郎

人間選書 239

岩波新書
日本の神話
上田正昭

発刊にあたって

この本は、農家や農業関係の学生、現場指導者の方々をおもな対象にしてつくられた農業史の本です。

〃対話学習〃と銘打ったとおり、守田志郎先生（故人）が歴史を語り、それを聴いた十数人の農家の方々が討論をする、そんな立体的な構成で、興味ぶかく歴史が学べるようつくられています。

生前、守田先生は、人の生きて在る歴史の真実、ほんとうに働き抜き、生き抜いた庶民の暮らしと農耕の真実は、いままでのような農業史の方法、経済史の一部としての農業史では描けないと考えていました。そして、それを可能にするのは、農家の人たちと同じ位置からものをみたい、農家のもつ感性で歴史をみたい、という想いをふくらませていくことだ、と考えていたように思います。

それが、本書にどこまでにじみでているか、農家の方々の討論とのからみ具合をもみながらご判断いただきたいと思います。

なお、すでに発刊されている『農家と語る農業論』（農文協刊）も、中身はちがいますが同じく農家との学習会で話された記録をもとにしてつくられた本です。本書と併せてお読みいただければ幸甚です。

おわりに討論の記録の収録に快く応じてくださった「東北農家の懇談会」の農家の方々に厚くお礼申し上げます。

昭和五十四年十一月

（社）農山漁村文化協会　編集部

目次

第二部　農耕のあゆみと農家の選択――守田志郎

第三部　守田先生の講義をきいて――東北農家の懇談会

目　次

第一部　農耕を考える日々

守田志郎

「国」が先か「農」が先か

農業ということではなく、一般的にこのごろ感じていることを話してみます。ですから、皆さんにとっては直接、損にも得にもならない話です。

「国というものは民衆にとって何かいいことをしてくれるものだ」という考え方がいつのまにかできています。実は逆なんです。国ができてきた歴史をみてもそれはわかります。国のやることをいちいち気にする人が多いですね。農政についてもそうだし、農業以外のことでもそうですけれども、とにかく、国のやることを攻撃したり逆に陳情したりするのですが……。もともと国というものは、民衆から何かをとることを都合よくするためにつくられてきたものだと思うのです。だからといって、今ある国を否定してみてもしようがないわけです。私だって国というものを否定はしません。だけど心の中では否定しています。それは、毎日、呼吸して生きるかぎり、どこかの国、われわれだと日本という国に所属して生きていかなければならないという現実をはっきりふまえなければならないということです。これを否定してみてもどうにもなりません。

「国というのは何かいいことをしてくれるためにあるのに、実は、いまいろいろ間違ったことをしているんだ」ということではなくて、「国というのは、もともと悪いことをするためにあるんだ」ということとの関連で自分をおいてみてはどうかと思うのです。これは、どんな種類の国でもそうなのかはわからないけれども……。

こんななまの形でいうとおかしいと思われるかもしれませんが、国というものが先に出てきて「今の国をいいものにする」というふうに考えてしまいやすいのですが、いくらか変えられたとしても、そういうようにしてできた国というのはやはり民衆の上にのっかった国になる可能性が強いと思うのです。

それでは民衆というか、みんなにとっていいことをするためにできたものはないのかというと、たとえば部落を考えるわけです。これはいいこともあるし悪いこともあるのですが、みんなのためにみんなが自然につくってきたものだと思うのです。それ以外のもの——市町村だってなんだって、そのときの支配者の都合でつくられてきたものだろうと思います。今、話しているのは飛躍した話ですよ。飛躍した話なんですけども、どだい国とはそういうものなんだということを心にすえて考えられたほうがいいのではないかと思うことが多いのです。強調した話ということでなく、そういうふうなところに戻って考えてみると、自分というものが置かれている場所がわかるということがあるかもしれないという意味で、心のすみのほうにでもおいてほしいと思います。

そのことと少し関連すると思いますが、「現代農業」というあれほどいい雑誌でも——こういうことをいうと誤解をまねく恐れがあるのですが——農政という欄がありますね。あの「農政」という言葉なんです。あの中に出てくるのは、いろいろな考え方、あるいは農業政策に対する批判もあり、農家の人の生活に対する考え方もあります。そういうことをひっくるめて、「農政」という言葉であらわすようになってしまったのです。つまり、経済だとか生活という技術以外のことを考えることを、全部「農政」というようになったわけです。そういう言葉の使い方では、経済だとか生活というのがもともと国の下にあるという、つまり自分の置かれている場所というのが国の下にあるという感じになってしまうと思うのです。そういうことを、あの言葉ひとつの中でも感じるのです。ですから、「農政を論じる」という学者なんかも、いつのまにか農民の上にあるというふうな感じになり、同じ地位にいることができなくなってしまったりするわけです。ところが違う言葉というのは、実際、出てこないわけです。このことはみなさんに一度考えてもらいたいと思います。「農政」という言葉を使わない形で、自分たちの生活と生産という生活態度を考えていくということ。

国ということでいうと、民衆というのは国よりも前にあるものだと思います。歴史的にみると、そういう国のまえにあった民衆というのは、みんな農業をやっていました。国の前に農業があるはずなんです。ところが、支配者がでてきてから、とりわけ現代社会においては、農業は国のあとにあるというか、国のためにあるというようにされてきました。ですから、最近、新聞に、東畑精一さんが会長になっている「ナントカ懇談会」というのが何か出しましたが、あれも「農業の役割」という言葉を使っていました。あれも国の下に農業を置いているということだと思うのです。その話はたびたび出ていますから、私が改めていう必要はないと思うのですが……。とにかく、「農業、つまり民衆というものは国よりも先にあるものなんだ」ということは何でもないことなのに、ほとんどの方々——農家の人も都市の人も——それを忘れてしまっているのですね。美男さんが「農家の人が、国の食糧、世界の食糧のためにということを考えすぎている」という話をなさいましたね。ですから、ここで私がいうまでのことはないのですが、その食糧危機の問題をひとつ取りあげてみても、その九九パーセントまでの論調が、農というものを国の下においての考えなんですね。「国のための食糧」あるいは「人類のための食糧」というわけです。

それからもうひとつ、これもたいした話ではないのですが……。いまの若い人というのはどんどん大学へきますね。ぼくが大学の教師という立場で見ていますと、ぼくのいる商学部というのは特に典型的なんですが、できあがったものを右から左へ動かして金になる仕事をやりたがるんです。つまり、生産——物をつくる——ということからできるだけ遠ざかろうとするわけです。物をつくるというのではなくて、物を動かすというわば電話ひとつで金を得るというのが、いまの学生のもとめているものなんです。中にはそうでない人もいますが……。新幹線にのって毎週、東京——名古屋間を往復するのですが、そうすると背広を着た若い格好のいい人たちと一緒になるのですが、その七割がたはそういう取引に関係した仕事で新幹線に乗っているんですね。いうなれば商行為のためなんです。ぼくは商学部にいて勉強して知ったのですが、ひとつの品物が一〇〇円するとすれば、六〇円ぐらいまでは流通のために要した経費なんですね。そこには宣伝費あり、運搬費あり、いまいった新幹線の汽車賃なんかも入っているわけです。大学の向かっている方向というのはだいたいこういうことですね。「そんなことというなら大学をやめればいい」といわれそうですが、そうすると飯の食い上げになってしまうので……（笑）。大学にいて年々卒業生を出してやることに、社会的犯罪性を感じています（笑）。だって、むだなことをやっているんです。五〇円ですむ品物を、それを動かすだけで一〇〇円にして、それで暮らしていくような人間をどんどんふやしていくわけですから……。これは世界的な傾向ですが、とりわけ日本はそうなんですね。この日本の社会はほんとうにひどいです。

都市の人間というのはそういうことをやりながら自分が犠牲になっているんです。つまり、一方では利益を受けながら犠牲になっているということですね。ところが農業をやっている人は利益はひとつも受けずに被害ばかり受けているんです。物をつくる一方の人たちは、そういう仕組みにまきこまれる度合が強ければ強いほど被害が大きくなるだけなんです。

それでどうするかということではなくて、ぼくが大学の教師として犯している社会的犯罪についての告白ですけれども……（笑）。言いわけになりますが、女房に「稼いで俺を食わしてくれるようになってくれ、そしたらすぐに大学をやめる」といっているのですがね（笑）。なかなかそうもいきません。非生産的な話で申し訳ありませんでした。

（昭和四十九年一月　農家との懇談会にて）

「上」と「下」の転倒

この一年間は、二宮尊徳の伝記を書いていました。二宮尊徳という人を見れば見るほど、現代の日本が追い込まれているというか、私たち自身がまねいたともいえる独特の経済社会のあり方、そこにある現代日本人像の原型みたいなものを彼の中に見る思いがして、私なりにおもしろい仕事でした。その他書く仕事としては、「現代農業」に堆肥のことを書かせてもらいました。

それから夏には山形の皆さんとお会いし、泊めていただいたりして、私としてはたいへん勉強になったというか、豊かな時間を過ごさせていただきました。

もう一ついかにばかなことをしているかということなんですが、余儀ないことがあって、いまいる名城大学の労働組合の委員長をやっています。長と名のつくものはやりたくないと断わったのですが、ひき受ける予定だった人が病気になったとかなんとかで、とうとう泣き落とされてしまったわけです。インテリとか役人の労働組合というのは、工場なんかの労働組合と違ってやたら官僚的、ファッショ的なところばかり目につきます。上からばかり命令がきて、それに従わないと裏切者扱いを受けるんです。「指令という言葉が嫌いだ、人に命令もしないが人から命令されるのもイヤだ」などというものですから連中も困るわけです。たとえば、選挙があると、上から資金カンパをいってくるんです。

カンパというのは、こういうことで、運動するから皆さんカンパしてくださいといえば、一〇円でも一〇〇円でも、出したい人は一万円でも出すという、自由なものです。それを、組合員一人に一五〇〇円だか二〇〇〇円だかをかけて、ぼくのところの労組に七〇万円という総枠を持ってきたわけです。一応そういう目論見を立てるのはいいとしても、それがまだ集まらないうちに、ポスターとか立看板とか、バッジとか、そういうものを先に発注してしまうんですね。つまり集まる前に使ってしまう。ところが、ぼくのところでは七〇万円に対して、集まったのは一五万円なんです。そうしたら五五万円未納金だと請求がきた。何が「未納金」だというわけです。カンパというのは、集まっただけが集めた金ということですから。とうとう私は、使いたくない言葉ですが、ふだんから思っていたこと「あなたたちは、ファッショだ」といってしまった。そしたらおこってかえっていきました。

インテリとか役人のやっている労働組合にはそういうところがあります。民主主義を口にしながら、もっとも非民主主義的なところがあります。役所そのものとか農協、労働組合には「上下《うえした》」という言葉があります。農協でも「下部組織」という言葉を使うでしょう。労働組合でも「下のほう」という言葉をよく使います。「下のほう」というのは、実は主人公であるはずの組合員のことなんです。こういうことは、なかなか変わらないですね。ひっくり返すことはおろか、反省させることすらできないんです。自分のところで抵抗するのが精一杯。

「指令という言葉は認めない、やってくれと頼むのなら相談に応じます」というような調子でやっているんですが。

ところが、労働組合の幹部というのは、たとえば全県下に出すストライキの指令をいちいち相談していては動きがとれないと考えてしまうんです。そういうように、指令を出さないとやれないストライキならやるな、と私は言いたいわけです。自然に皆がストライキをやりたいということになって、それなら、いつやるかと話し合ってやるというのがほんとうだと思うんです。指令だと、三日でやれるストライキが、一ヵ月かかるとしてもいいではないかと。こんなことを今さら学ぶとは思わなかったけれど、やはり、何でもやってみると学ぶことはあるものです。

（昭和五十年一月　農家との懇談会にて）

「二宮尊徳」論

いま、尊徳に関する伝記を書いています。今まで一般にイメージされている尊徳像とはかなりかけはなれたとらえかたをしています。

尊徳という名は、彼の一番弟子である高田高慶という相馬藩士が書いた『報徳記』という伝記にあるんです。本の初めに、「本名尊徳俗名金次郎」と書いてある。ところが、尊徳自身が小田原藩や幕府に出した公文書には、死ぬまで「金次郎」と署名されてます。「尊徳」というのはありません。小田原藩主から拝領したという説もありますが「二宮尊徳全集」にも関係の資料にもそういうことは書かれてない。そして尊徳自身が手書きした文書には尊徳と署名されたものはひとつもないんです。どうも、「そうらしい」がいつのまにか「そうだ」になってしまったわけです。

そんなわけで、誰が、いつから尊徳と呼ぶようになったかもわからないまま伝記を書いたわけです。こんなところにも一般にイメージされている尊徳像には不明なところがあります。

尊徳が青年になるまでの、いわば人格形成期に重要なものがいくつかあるんです。それは何かというと、非常に大雑把にいいますと、第一に彼は百姓の世界から抜け出したいというようなところがあるんです。

彼はなんといっても、何らかの才能を持っていました。彼が生きたのは、徳川時代の後期ですね。彼の息子はもう明治維新を迎えているわけですから。そういう時代での、彼の幼いころを見ると、並みの農家とは違う世界を自分の中につくっていたようです。これはもちろん体系的なものになっているわけではありませんし、どこからくるのかよくわからないのですが、とにかく違う。

彼は親から、学問を習っているんですね。農家ではありますが、彼の親は村の組頭をやっている本家の二男坊で、家の後を継いで百姓をやるということから少しはずれており、学ぶ機会もあったし、学ぶ素養を持っていたわけです。尊徳もその影響を受けて、親から教わっていくのだけれども、私の見るところ、尊徳は親と比べて根っからの学問好きではないようです。つまり本を読んでいれば、それでよいんだというタイプではなく、学問というものは、何かに生かして使わなければいけないという形で学問を吸収していきます。親のほうは根っからの学問好きでもあり、また、近所に困った人があれば、金を貸してやったりしています。そのうち自分の田畑を、ほとんどなくしてその段階で死んでしまうわけです。

ところが尊徳は、実に天賦の才というか、簡単にいうと、働きを金にしてそれを生かしていくというような、そういう形での行動様式を、一五、六歳のころから、とりはじめていくわけです。ワラジを売って金にしたとか、病気の父親に酒を買ってきたという話です。

それから例の薪を背負っているという話ですが、私もその山——かなり離れたところにある入会山——に歩いて行ってみました。歩いてみるとたしかに、かなり大変です。大変ではありますが、部落の人たちはみんなそこまで歩いて行って薪をとってきていたし、しかも、子どもたちもみんな連れて行ったということからすると、そのことはむしろ、部落の人たちの習慣なのであって、尊徳が特別に大変な働きをしたといえるかどうかわからないところです。ただ、そのことが逸話になって残るようなことがあったとすれば、その薪を金にするという点にあるわけです。もちろんその薪を、母親に渡して自分の家で使うということもあるわけですが、その家でたく薪を、一度金に換えるという発想が出てくるわけです。こういうことが、いろいろ累積していくと、農民が、日々苦しく暗い中でも、ある意味では、毎年米をつくり年貢を納めていくという平穏無事な暮らし、そしてみんな貧乏しているという状態、そういうものを、彼は、簡単にいえば、愚かしいことに見えてくるというところがあります。これを後の体系づけられてからの彼の言い方でいえば、「働きをむだに使っているにすぎない」ということになるわけです。

土を耕し、そこにものを育て、それを金にする。つまり平たくいえば、働きというものを、一度金にするということなんです。金にするというのが、彼の発想の一番の軸になっていきます。

細かいことは抜きにしますが、尊徳の部落から二、三時間も歩けば、小田原の城下町があります。彼は、自分の農産物をそこへ持っていって売るんです。小田原に近いので、他の農家も売ることはしていますが、彼のばあいは、積極的に自分の家のものを金に換え、そのお金をできるだけ貯めていくという発想をするわけです。そしてそれがさらに一歩前進して、小田原に奉公に行きます。奉公に行くと金になりますね。そのうち、はじめは少しですけれども自分の田畑を小作に出すわけです。つまり、自分の田畑は他の農民達に貸して小作料をとり、自分は小田原に奉公にいって金をとれば、両方から金が入るわけです。労働を金にするということを、彼自身がもっとも典型的な形で実行している。他の人とは違う頭の働かせかたをするわけです。それは、逸話として出てくるのでいえば、武家での飯炊きだか、風呂焚きの薪の使い方の話ですね。一〇本使うところを九本でやり、その一本分を何十日分たすといくらになるという。お金なんです。

尊徳は商家の奉公にもいっていますから、商家ではそういうようにやっているわけで、武家と商家の対比ができ、その違いというものを、台所の側から見抜いてしまう。また、それと百姓の違いも知ってしまうわけです。

彼は奉公しながら、金貸をします。一文とか二文、いまのお金ですれば四、五千円という少ないお金を貸しつけていく。小田原の町の奉公人仲間にも貸したりしています。農家にも金を貸して、それが累積していく。こういうことをやりながら、三〇歳になるかならないかの、一〇年たらずのうちに、はじめ六反ぐらいしかなかった田を、四町歩ぐらいにしてしまうんです。四町歩というと、尊徳の育った栢山という村では一番の地主なんです。どうしてこういうことができたかということですが、彼は自分の生活に金を使わないというところでは徹底していました。奉公先で飯を食い、衣類は仕着せを着る。はじめのうちは親もいないし子どももいないという状態で、自分の家は閉じて奉公にいってしまうわけです。しかし、小作料や貸したお金の利息は入ってくる。奉公先では、それに全然手をつけないで生活します。

彼のまわりを見ると、ほとんどの奉公人は年季で入っており、だいたいがすでに借金をしてきているわけで、年季が明けて家に帰るのを楽しみにしているわけです。ところが尊徳は、毎日の働きが自分自身のお金になっていきます。それを貸すと利息が入ってくるし、小作料も入ってくる。いうなればお金が彼のために働いてくれ、ふくれ上がっていきます。毎日毎日入るのは細かいお金ですが、彼はそれを決してばかにしない。そうしているうちに、彼はみるみるうちに村一番の土地持ちになってしまうわけです。尊徳を調べていて、私はまずここのところでびっくりしました。ここのところだけでも、もはや、尊徳には現代社会に通じる何かを感じます。つまり貨幣というものを軸に行動しているわけです。

さて、話は飛びますが、尊徳は「開発の神様」といわれています。尊徳は、その後、栃木県の桜町領という旗本領で、いわゆる「仕法」という言葉で表わされる事業を行ないます。

ここの村がすっかり疲弊して、旗本が赤字になってしまい、なんとかならないかということなんです。その旗本は、小田原の殿様の親戚なんですね。それにこの村はもともと小田原領だったものが、あまりどうにもならないということで、この旗本に渡ったわけです。いまでも宇都宮と大利根の間のあたりというのは荒涼たる土地で、決してやせているわけではないが、多分、川の流れがあるていど整えられるまではたいへんだったろうと思います。つまり水利を、きちんとすれば、豊かになる土地だったわけです。

ところが旗本というのは力が弱くってそれができない。これが幕府の天領であれば、巨大な力で大きな川に堤防をつくったり、塩をつくったりしていきますが、旗本は江戸にいて直参だなどといっていても財政力はない。だいたいが、土地改良などというものを考えられる侍などいやしないわけです。そこで、尊徳の知恵を借りようということになります。後に開発の神様といわれた尊徳ですが、はじめは全然うまくいかない。なぜうまくいかないかというと、そこが旗本領になってから一〇〇年ぐらいたっていて、その間、条件の悪い所にいた農民はどんどん夜逃げしてしまい、残っている農民というのは水利条件のいいところで、一定の面積をもって耕しているという人たちなんです。その人たちにしてみれば、水利が悪くすぐ水害のくるような土地は、先祖代々、あそこには手をつけるなといわれてきたところで、そういうところを開発しようといわれてもやる気にはなれないわけです。開発すれば翌年から年貢がかかってくるということもあります。つまり農民は動かない。尊徳はそこのところで非常な誤算をしていたのです。尊徳が心の中で五年あればできると思っていたのが、一五年かかるんです。

尊徳はその時やっとひとつのことを発見します。それは、百姓たちは金を必要としていない、金を必要としていないから新しいより大きなことをしようとしないということ。そのことが御領地を荒しているというわけです。つまり彼にとって、土に鍬を振りおろすということは、つきつめていえば、金を掘り起こすということなんですね。富を掘り出すということ。その富というのは、一度貨幣というものを通しての富なんです。だから彼は、金になる商品作物の栽培を奨励します。

貨幣は太陽だという考え方。人間にとってさんさんとふりそそぐ太陽ほどありがたいものはないというわけです。しかし尊徳は、自然の世界と人間の世界をはっきりと区別しています。区別しているという点では、非常に興味深い。自然の世界では、太陽・水・雨という自然現象の中で自然のものは生き続けている。しかし人間にとって大事なのは働きと金ということ。お金というものは、さんさんふりそそぐ天の恵みであって、この天の恵みをひとつ受けたなら、それを何倍にもふやしていく、これが御領地の百姓としての務めであるというわけです。尊徳は、旗本に対しては百姓あっての殿様だと非常に厳しいことをいいます。しかし、百姓に向かっては殿様あっての百姓だという。自分はその真中に身を置いているわけです。ときどき権力に近い真中ではあるけれども、結局、彼は生涯権力の中には入らなかった。しかし彼は決して百姓の中にも自分の身を入れてしまうということもしません。農民と同じ水準に身を沈めてものを見ようということはしない。つまり侍と百姓の両方あっての世の中だという認識です。

さて、尊徳は百姓を貨幣の動きの中にひき入れようとするのですが、これがむずかしい。彼は自分の田畑を全部売って、三〇〇両という金を持ってきます。それから殿様からも何百両という金をあずかります。彼はその金を農民に貸そうとします。なんとかして借りたいという意欲をつくろうとします。しかし農民は、必要のない金を借りようとはしません。

彼は高利貸しではないということを強調します。最終的には「報徳」ということばを使って、報徳のために働くということをいうんですね。この報徳というのは、領主でもなければ、国家でもなく、権力でもなんでもないところの何かであるというわけです。農民に貸しつけようというその金を、「報徳金」ということにして、この報徳金を使うことによって、領地や国土を富まして行くということ。そのかわり、ありがたくもこの報徳金は無利息であるというわけです。利息の払いに困るから借りようとしない農民も多かったのでしょうね。

尊徳は、一軒一軒の農家を、報徳金を借りて壊れている屋根や壁を直しなさい、雨もりのするような家に暮らしているということは、不忠なんだというようなことをいってまわるんです。だから彼ができたことにより、家がよくなったということは確かにあるわけです。

ところで彼は、お金に対してもう一つの原理を発見していました。それは今様にいえば資金の回転は速やかでなければならないということです。彼はこれを商人によって学んだのだろうと思います。商人の世界では、これはもうはじまっています。手形の流通みたいなことまで行なわれていますから……。

同じ一両でも、一人の人に一年貸しておいたのでは、それは一両にすぎない。これを一カ月に期限を切って、一二人の人に貸せば一二両の働きをするというわけです。これはケインズなどの近代経済学のひとつの考え方でもあるんです。

尊徳はこの考え方を実行しているんです。当時、農民が借金するときは最低でも一年の単位、実際には返せなくて一〇年ぐらいにもなってしまう。そういう感覚でいる農民に、報徳金というのはありがたいお金だからということで、必ず一年、ばあいによっては三カ月で必ず返させるわけです。三カ月ということで一年に四回、回転すれば、この報徳金は一年に四回世の中のために働いたことになる。つまり、四倍の富をもたらすというわけです。ですから、期限を設けてとりたては厳しくやります。

なぜ厳しくやれるかといえば、これは報徳のためにとりたてているという認識をしているからです。あこぎな高利貸が貸付金のとりたてをするときの気持とは違うわけです。しかも、利息はつけていないわけですから、払えるはずだということ。当時の農民にすれば、借金すれば利息を払うのもやっとという状態だったから、元金だけ返せばいいというのは、確かにありがたいことだったろうと思います。その元金返済も、分割して払えばいいというものだった。いまでいえば月賦みたいなことです。これだって当時の農民にしてみれば大変な驚きだったはずです。これも、商人の世界ではもうやられていたかもしれないが、これを農民の世界に持ち込んだのは尊徳なんです。

しかし、毎月返していくということは、農民にしてみればおかしなことです。尊徳がこれを打ち出せたというのは、やはり農民から離れていたからだと思います。農民の生活というのは一年を単位とする季節の循環の中にあるわけですから。毎月、お金を返すというサイクルには合わないわけです。そうすると、そういう生活をしているからいけない、毎月お金が入るように稼げということをいいます。稼げといってもそう稼ぐ場所がないということになり、それなら開発をしなさい、開発のために働いたら賃金をあげましょう、ということになるわけです。賃金をとって、それで毎月、報徳金を返しなさいということです。これでようやく開発に農民が出はじめます。報徳金と開発というのが表裏一体になっているところが大事なところです。

それから無利息ということですが、実は冥加金というものを払わせています。たとえば、一〇ヵ月で返したとすると、この一〇カ月払い続けてきたのだから、あと一、二カ月は払い続けることができるだろうという。これは利息ではなく「冥加金」だというわけです。当時、商人などが幕府からなんらかの特典を与えられたとき、お礼として献上するお金を冥加金といっていました。ですから、報徳金をありがたいと思う人は、その気持だけいくらでも払うわけです。ですからいくらでもいいようなものですが、実際には最低線というのはあったようです。とにかく、報徳金というのは、神様とはいわないが、太陽のようなものであって、それへのお礼であるという雰囲気にしてしまうわけです。これが元金をふやし、さらに万民を豊かにしていくという教えをしながらお金の貸付けをしていくわけですから……。

尊徳の報徳金の論理というのは、結局、農民生活の軸を貨幣におきかえるということだったわけです。しかし、これは、彼が離れると農民はまた元に戻ってしまいます。そのため、晩年に非常に彼は苦しむことになります。考えてみますと、農民にとって一年に一ぺん米をとるということは変わらないわけですから、開発というような刺激がなくなるとまた元に戻ってしまう。尊徳にとっては生まれる時代が間違っていたと思うぐらいです。現代であれば、新幹線だ高速道路だ、開発だと絶えず新しい素材を農村に打ち込んで、いわゆる高度経済成長をやっていくというわけですから……。尊徳は一時代早く生まれてしまった感があります。しかし考えてみますと、資本が高度成長をさせたとはいいますが、やはり、私たち民衆の中にそれを受けとめる素地があったのではないかと思います。その意味では、なぜかはしらないが、尊徳は、われわれ現代の日本人の体質を早めに体現してしまったといってよいように思います。

尊徳の晩年は非常に惨めです。身分としては徳川幕府の侍になり、地位を得て、仕事もあてがってもらいます。しかし、徳川幕府に入ってから死ぬまでの一五年、五〇過ぎから七〇歳ぐらいですが、この間は、直接農民と触れあって仕事をするというところから一切ひき離されてしまいます。幕府の仕事をするという形ですが、江戸城の厚い扉は彼の理念を全然受け入れてくれません。千葉県の印旛沼の開発をさせよというような命令だけしかこないわけです。彼は自分の理念を必死になって叫びます。国を導いていこうとするものがそういう考えではだめですよ、ということ。農民あっての徳川幕府なんだということです。

印旛沼周辺の開発についていえば、私に十万両近いお金をあずけなさいといいます。それを印旛沼周辺の困っている農民に貸付けるというわけです。つまり、報徳金、冥加金の考え方です。徳川幕府はそれだけのお金を持っているはずだというわけですね。当時、利根川を下ってくる年貢米は一度太平洋に出て、九十九里浜をまわり、東京湾に入り、江戸の深川に上がるという遠まわりをしていたし、もう一つ、宮城県のほうからくる年貢米も、ひどい年には九十九里の沖で三割も海に沈んでしまうという問題があり、徳川時代においては、利根川—→印旛沼—→東京湾という運河をつくろうと何度か工事をやり、失敗していました。ですから、尊徳は、この開発に十万両ぐらいは出せるはずだというわけです。まず、困っている農民に金を貸してやり、みんなの気持をこちらにひきつけ、そのお金を貸してくれた聖なるもののために働くということになれば、工事用の木材や石材、さらには飯場とかいうものを、農民は進んで提供してくれるはずだというわけです。むらむらがあげて運河をつくるために協力してくれるようになるから、十万両の金を出せば、あとはその冥加金だけででも開発できるという考え方です。彼はこれを長い手紙に切々と書き、幕府に訴えるのですが、これに対して幕府のほうは最後までなしのつぶてです。いいとも悪いともいってこない。この江戸城の権力の扉の厚いことに尊徳は非常に落胆します。しかも、それから五年間というものはほとんど仕事もなく、それで少しの給料をもらう。そのかわり、幕府の侍ということで、いままで農民との接触の中でやってきたようなことはやってはいけないということになってしまったわけです。彼は非常に苦しんで、何もしないでいるのはあまりにも不忠であるというような手紙を書いたりしています。最後には日光にある天領の仕事を与えられますが、そのときはもう病気になっていました。

彼は、徳川幕府に召されるとき、自分のやりたいことを、こんどは国という範囲でやれると思い、非常に大きな希望を持っていたようです。日本中をよくすることができると思ったわけです。ところが、彼の理念は幕府に受け入れられなかったし、また、受け入れられるはずもないんです。なぜなら、封建社会においては、大名領があり、幕府に登用されたからといってすぐに大名領に手をつけるというわけにはいかなかったということがあります。幕府でやれる範囲は幕府の天領の範囲です。しかし、その範囲で何かやろうとしても、幕府は報徳という考え方を受けつけてくれない。開発がうまいというだけで起用されただけのことなんです。それから、徳川封建社会というのは貨幣の動きが非常に盛んにはなるけれども、やはりその経済の基本は年貢米という現物が柱になっていたということがあります。この物を柱とするという関係が貨幣におきかえられれば、封建社会というのは崩れてしまいます。尊徳のやり方は、農民の生活の軸に貨幣をおくというものですから、もしそれが成功するとすれば、それは一面では封建社会を崩していくものであるという矛盾を持っています。彼の理念を受け入れるものがあるとすれば、それは、資本主義の社会ということかもしれません。

それから、彼のもう一つの特徴は、あらゆる資料を見ても、農耕に関する発言が一つもないということです。彼は意識して発言しなかったのか。私は、彼は農耕というものを、非常に乱暴にいえば、農耕というものを嫌っていたのではないかと思うわけです。農業というものが大事だといいながら、自分は耕すということが嫌いだったのではないかと思います。耕すということを全然やらないわけではありませんが、二〇歳そこそこの彼が母親の残した狭い土地をもとにして、家を再興するとき、それを自分で耕してやるというのではなく、自分は奉公で稼ぎ、土地は貸し付けるという形でやります。まだ何反歩という、いわば貧農のうちに、まわりの農家はやっていないと思われる賃耕依頼を彼はやっています。支払いの記録を見るとそれが出てきます。

ですから、哲学として、米をまけば米ができる、麦をまけば麦ができるというような、いわば、輪廻の考え方みたいなことをいいますが、それは、具体的に耕すということとは切り離されたところで、たとえ話としていわれているのだと思います。篤農家であれば、凶作のときなどはとくに、水をどうしろとか、耕し方をどうしろということを、いやでもいうものです。尊徳全集のどこを見ても、具体的な農耕についての彼の意見は一行も出ていません。あれだけ農民と接触し、農民のために生きたといわれる人が、米のつくり方、土のつくり方というところでは、意見すら述べていないというのは、全く理解しがたいほど不思議なことです。

現代のように貨幣を軸にものを考えるという人間が充満してしまい、こういう人間像がいちばん標準的な人間だということになってしまったことが、早い話、この高度成長をつくり上げるためには非常に都合がよかったのだと思います。他の国でも、貨幣に無関心ではないけれども、すべてお金を基準にものを考えるという点では、日本は世界でも稀ではないかと思います。自分自身の中にそれがあり、これを追い出さなければならないと思っているのですが、実は、それというのは、尊徳ではないかと思うわけです。焚き木を背負う二宮尊徳というのは、明治の宮内省あたりが、日本の国民の一種の理想像としてきたのだと思いますが、私自身、克服しなければならないと思いながら、なかなか克服しきれていないのがこの尊徳ではないかという気がしています。

（昭和五十年一月　農家との懇談会にて）

青年の夢

農林省の農業者大学校というようなものにしても、講習会にしても、青年を対象にするのが非常に多い。農協とか市町村のやるものも、たいてい、頭に「青年」というのがくっついている。このばあいの「青年の夢」というのは、たとえ文字どおり「夢」であって、そのうちに消えていってしまうものであれ、自分自身で描き出したものではなく、「描かれた夢」というか、用意され教え込まれた夢のような気がする。実は「与えられた」にすぎない夢を追っている青年たちが、黒田さんの話を聞き、「夢のない安易な道だ」と考えるかもしれないが、「与えられた夢を追っているほうがずっと安易だと思う。意外にも、分別臭いといわれる年のみなさんが、そうとう危険というか、たいへんなレールに自分を乗せようとされているという感じがする。ファイトという点では、分別臭いほうがずっとわきたっているのではないかと思う。ただそれは、はた目には静かに見えるのかもしれない。大げさにいうことでもないし、大きな畜舎を建てることでもなく、派手なことをやることでもないものだから、若い人には夢もなく、何もできないように思えるかもしれないが、青年に持ってもらいたいほんとうの血のたぎりみたいなものが、皆さんの中に静かにわき上がってきているような気がする。

私は、「青年の……」という集まりで話をするのが、あるときはとてもイヤだと思うことがある。

青年がイヤというわけではないが、そういう集まりを主催する団体や政府や指導機関、それからそういうことの好きなNHKなど、何か、妙な夢を「お膳立て」して、青年を走らせようとする連中がイヤだということ。二〇歳から二五歳の農家の人というのは、家によりいろいろな事情はあると思うが、何といっても「手伝い」にすぎないということ。「手伝い」ということでは、ある意味では、「遊ぶ」とか「甘える」とかそういうことでいいのではないかと思う。他の職業でいえば、二〇〜二五歳という時期には、一人前に、この経営をどうしようかなんてことは考えない。そのときに、たとえば、農林省の農業者大学校では、おこがましくも、「自分の家の経営をどうするか」ということをやる。教えるほうもおこがましいが、教わるほうも、家の耕作面積は何町何反でいま米単作だ、ひとつ牛を中心にして家の経営をどうする、などと考え、実際にそれをやってしまう。

農林省の農業者大学校というのは、大学の先生をつれてきて、三年間みっちりやるわけだから、理屈の面では、おやじさんやおじいちゃんが全然たちうちできないようなものを身につけて帰ってくる。これが、余裕がある家で、息子の失敗をいつでも切って捨てるような状態であればいいけれども、それが、一家の生活までグサッとつきさるような結果になると大変なことになる。そのとき、農林省や農業者大学校が責任をとってくれるわけではないのだから。

もうひとつ、生活責任がないために、この人たちは生活とは無関係に営農設計というのをやってしまう。生活に責任のない人たちに経営のあり方を考えさせるよりは、遊び方とか、もっとまじめにいえば本の読み方とか音楽の聞き方とか、そして、親から少しずつ農業について教わるというその親からの教わり方を身につけるほうが大事だと思う。あとは、勝手にしたいことをして、少しは親不孝でもしていればいいというぐらいでいいでしょう。「青年」というのをつかまえては、NHKがよくやるように、「お宅の経営はどうやってますか」、「あなたは農業についてどう考えますか」という調子でやってしまう。

（昭和五十年一月　農家との懇談会にて）

品種改良

昨年のこの会で皆さんにばかなことをやっているとひやかされたことの一つに、組合の委員長をやっていることがあったが、やっと解任されました。それから、例年どおり勉強会が十二月にあって、それが終わって感じたことがひとつある。一回目、二回目に比べると、いいのか悪いのか、話がしやすくなってきた。はじめのころのことを考えると、私自身も自信がないし、世の中すべてが高度成長万万才の感じで、話にくかった。話にくいということは、参加された方々が受け止めにくいという面をもっていたと思うし、その中で多少受け止められるものは受け止める、捨てるものは捨てると、みなさんが自分で選びながら、自分のものにしていったのだと思う。私は農業をやっていない人間の立場での気持をしゃべるわけで、あの当時参加された皆さんは、そういったって、自分は農業やっているわけで、まわりはみんな近代化の方向でやっているのに、お前さんのいうようにやっていたら飯の食いあげだ、となってしまう。それでもとにかく仲間と語り合ったりして、今の時代の中にあるのだと思っています。

このごろ農文協に普及員の人などから抗議の電話があるそうですが、農文協だって一時期は、いわゆる近代化路線を出していた。ただ、がむしゃらにその方向に行くということではなかったにしても、三十年代の基本法農政のあのムードの中では、近代化路線と受け取られるものがあったし、私自身だってそうだった。今、「現代農業」や「農村文化運動」を読んだり、この会などで農文協と接触していると、普及員の人なんかがやり玉にあげられている。そうすると、今になってそんなことをいわれても困るという抗議があるのだと思う。ここで考えなければならないのは、農文協もわれわれみんなも、変わるというのがただ潮流に乗ってあっちに変わったりこっちに変わったりするのでないということ、一定の方向に少しずつ進んでいることです。

ところが、「複合汚染」みたいなものが出たりすると、ワァッと有機農業に行ったりする。それがマスコミに載ると、ものすごい勢いでムードだけが進んでしまう。「それ今度は有機農業」だという先走りの形で対応していく農家の人たちは、ある意味で被害者になっていくと思うわけです。

だから「有機農業だ」というムードが先行しても、こちらはそう簡単には動かない、皆さんのほうにそういうドッシリしたものがあってはじめてそういう姿勢が可能だと私は感じる。

話は変わりますが、最近勉強していて気がついたことが二つある。一つは、品種改良についてだが、大正のころにヨーロッパから移入された育種学の方式によって政府が規則をつくったという歴史がある。それは実に細かく書かれています。そしてその規準に照らしてやったものでないと品種が公認されない。そうすることによって品種改良が農家から切り離されていく。その歴史を見ていると、農家の人が品種改良なんていうのはおれたちの仕事じゃないと思うのはあたりまえかもしれないが、ほんとうにそうなのかなあと思う。役所がつくった規則で試験場まかせの品種改良も、もともとを見るとみんな農家が選抜してきたもので、選抜だけでなく、農家が交配もしている。そういうものがぜんぜん相手にされなくなった。品種を他人まかせにしているのは、気が楽かもしれないけれども、そしてそれがあたりまえのような気がしているけれども、それはある時期に役所が役所の方針で打ち出したもので、どちらかといえば西欧的な方式を持ち込んだ近代化農業・農法否定の方向に合う品種改良がなされてきた。それは皆さんがこれからやっていこうとする農法にいつもマッチしているとは限らないのではないか。そこから先は私にはわからないのだが……。

もうひとつ、これまでの私の考えに誤りがあったのではないかということがある。それは、堆肥、あるいは残根が土壌をつくるということの意味だが、私は、N・P・Kなど西欧的に肥料を分析し、日本ではそれを堆きゅう肥や有機物などその分析のもとになった元の形に戻さないで、いわゆる単肥主義として、お上からおろされる近代的技術のひとつにされたのがおかしいと話してきた。ところが、ごく最近に考えたことだが、腐植なり堆きゅう肥なりの土壌の中にある有機質と作物の根の関係というのは、有機質がN・P・Kなどの肥料要素を一定のいいバランスでもっていて、微生物のはたらきなどがあって、根に吸収されるというものではないか。そのところに、N・P・Kを入れるということ自体が間違いなのではないかと思うようになった。N・P・Kという形で吸収されるということ自体が学理としても相当あやしくなっている面がある。もっと徹底して考え直してみる必要がある、あるいはN・P・Kの理論そのものを一度完全に否定してみていいのではないかという感じがしているところです。

（昭和五十一年一月　農家との懇談会にて）

管理されていることに気づくこと

私は勉強させてもらうばっかりで、誠にありがとうございました。これほどのつわものが、ますますつわものになっていっているのですが、それでもやっぱり管理されている面があるのですね。皆さんが、それぞれの農法でやってみると、今まで気づかなかったところで管理されている点が見えてくる。その問題の性質によっては農政的なことだったりするのだが、たとえば、米の検査の問題なども、検査の仕方が官僚的だとか検査制度がどうだという形での農政的な批判と同時に、品種で序列をつけていくようなこと自体、問題である。品種は農耕と生活と関わりのあることで、その品種の選択を規制あるいは管理されているということは私も考えてきたが、最近ふと感じることは、品種つくりそのものが管理されていることを通じて管理していくという歴史が大正時代からあったということです。

昔の人は晩稲の米がうまいといっていたので、ほんとうかどうかよくわからないけれど、試しに少しでも晩稲をつくってみてはどうかという話が出て、そのときある人がいうには早稲のほうの品種改良ばかりやられてきて、晩稲のほうの品種はまったく改良されていないために、収量が低いとか、イモチなどに弱いため、つくろうと思ってもつくりにくいということだった。私はよく知らないでつくってみてはどうかといったけれども、もっともなことだなあと思った。しかしよく考えてみると、早稲のほうばかり品種改良されて、晩稲は見はなされていたのだから、晩稲はつくれないということは、品種改良というものから農家の人がはずされていることの結果ではないかという気がします。昔の農家の人はやっていたと思うのだが……。いまでは、晩稲でなくとも、何かを自由につくろうとするときに種もないという状態ですね。

試験場とか育種をやっている機関というのは、ほんとうは国のためにあるのではなくて、農家のためになくてはならないものだ、だからみんなから試験場に対して注文をつけるなり、もっといえば試験場をこっちのものにして試験場の技師は俺たちの注文で研究をし、育種をするのがほんとうだと思う。しかし実際は試験場はそのためにつくったのではない、上からの農政浸透のためにつくられたものだから、簡単にはいかないけれども、やってみようという人があれば決してやれないことではないと思う。試験場で専門にやる人は税金で飯を食っているのだから、その人たちに、自分がやろうと思っている農法にあった品種をつくってもらうよう注文することはできるはずだと思います。

それからもうひとつは米の買い入れ制限という形で農協と食管とが一体となって、別の意味で品種規制をしている。野菜にしてもくだものにしても、「複合汚染」という形で町のほうからマスコミ的に出てきているという問題がある。町のほうではそれでいいと思うけれども、それで農家のほうが反省しなくてはならないということではないと思う。農法的な農耕ということからすればああいう市場規制は間違いになるということでないと、依然として農業は管理されているということになるわけで、たとえば「複合汚染」的なものが出ると、国会で問題になったりして、農政は何をしているかということになる。そうすると農政が少し変わる。それを見れば都会の人は一応満足するだろうが、けっきょく、農民に対しては、国家として農薬の使用をちょっと抑えようとか、有機農業をやらせようとかいうことになる。やはり管理であり、上意下達であることには変わりはないわけです。

いま、いい風が吹いている面もあるが、役所とか国家は、風の吹き方に対応して、そして管理するというやり方を放棄するのではなくて、風の吹き方に向いたようにいっそう管理を強化するというやり方をとるわけです。

ここに集まった皆さんは、強烈な主体性をもってやっておられるけれども、やっぱり管理されている側面はある。だから周囲の農家の人はまったく気づかずに管理されているばあいだってあると思う。もっと問題なのは農協が管理する側に近い立場で対応していること、農協がいっているのだから自分もそうかという感じになってしまう。品種だけの問題ではなく、農法的な農法をすすめていく中でも、あんがい気づかずに管理されている面がまだいろいろ重要なところで残っていると思う。それをどこから切っていったらよいのか、問題を提起していきたいし、私の仕事としてはいつもそれを見落とさずに考えていかなくてはならない。皆さんの仕事としては、実践的にぶつかっているところで問題にし、こういうところで話し合っていってはどうかと思う。話し合うことがなくなるのではなく、あとから、あとからこういうこともあったということがあるのではないかと思います。というのは、権力者は限りなく民衆を支配しようとするから、問題も限りなく出てくると思うからです。

（昭和五十一年一月　農家との懇談会にて）

小繫《こつなぎ》の山と農民

相変わらず教師をやっていますが、そっちのほうは別に変わったこともないもんですね。

去年の夏ごろ宮城の南郷と岩手の小繫に行きました。小繫山の事件は大正時代に起きたもので、話を聞いたのは当時の人から三代目の人でしたが、ちょっと思い及ばないような農家の人の気持を聞けました。私よりも詳しい人がいると思いますが、ちょっと話してみます。

四十数戸の小さな部落の、江戸時代からの入会の山が、当時よくあったことですが、一人の代表者の名前で登記してありました。その人が借金で破産し証文類をすべて金貸しにとられ、その中に入会の山の証文が入っており、それが売られてしまった。つまり、入会の山に地主ができてしまったわけです。大正から終戦後まで、三代にわたって地主との法廷闘争をやり、結局、農家側が負けたわけですが、極端にいえば、勝ったとか負けたとか、あるいは妥協だということとは関わりなしに、自分たちと山の関係は事実としてあるんだということですね。もちろん具体的には法廷闘争をやってきているし、それなりの主張もするが、判決によって、自分たちの主張が退けられたといって山と自分たちとの関係が変わるというようなものではないという。彼らは「自分たちの山」あるいは「部落の山」という言い方はしない。つまり、「誰の持ち物」という考え方を自分たちでもしないし、他の誰もがそういう考え方をすべきでもないという。そこに山があって自分たちが暮らしているのだから、その山は自分たちで大事にしていくということ。だから判決で負けてからも植林を続けて、その木がもう一〇年も育ってしまっている。山を大事にしながらそこに生き続けるということにすぎないというわけです。もちろん地主が金網を張ったり、警官が彼らを追い出すことはあり得るわけです。そうすると一時はひきさがるけれども、また金網をくぐって植林する。山が荒れてしまってはしようがないというわけです。ふつうの農村の山との関わり合いの感覚とは少し違うとは思いますが、これをどう考えればいいのか。

それから農文協が全国各地の徳川時代の農書をまとめて出版するということで、ぼくは『百姓伝記』を受け持ちました。まだ一行一行細かく読んだわけではなくて、いまだ結論めいたことをいう段階ではないのですが、ほんとうに江戸時代の百姓が書いたのか、あるいは百姓の立場で書いたものかどうか疑問に思っています。『会津農書』なんかも、書いたのは農家なんですが、代々名主で、むしろお上に近い立場で書いているところがあります。たとえば、ここで皆さんが話し合うような内容と比べてみると、やはり、上から下を見ているなと感じる。「上から」というのは、自分より「さらに上」を認めるということでもあり、どちらかというと「さらに上」のほうに近い立場から見ているということ。まったくピッタリということではなくて近いということです。書くということ自体、当時においてはそういう気持になるということなのかもしれませんね。

『百姓伝記』の長い序文の中では、「三つの恩」というのが説かれていて、その一つに「地頭の恩」というのがあります。一寸の土地といえどもこれお上のおかげで、そこを耕させてもらっているというわけです。

これは、当時、本をつくるときは、そういう形の前置きをつけておかないと、お上に対して具合が悪いということなのかもしれません。あるいは、土地というのは誰のものでもないということをいっているのかもしれないわけですが……。ともかく、そのままに読むとお上に近いと感じます。

むしろ、人に読ませるものではなく、自分のために記録していたようなもの、そういうものが案外と本当のことを伝えてくれると思うのです。そういうあまり有名でないものがおもしろいと思います。『会津農書』には、中央からの学問を広めるというようなところがあるのではないですか。土を噛んでみて甘いとか酸っぱいとかいうけれど、実際にそうやってみたというよりは、土を学問的に類型化したというように思えるのです。そういう点を判別するとなると、農家の皆さんのほうがことの真偽を見分ける条件があるわけで、実際にやってみたのではないような、つまり学問的なものとかお上に対する気遣いだというようなものをふるい落としてみて、何が残るかと、そういう読み方ができるのではないでしょうか。

（昭和五十二年一月　東北農家の懇談会にて）

プロの農業、本物の農業

去年の年賀状で、ある農家の人から、「いまやプロの農業を目指して」というのをもらった。その人のばあいは実感があるんです。実感があるということは、その人は五ヘクタールの田を持っており、さらに一〇ヘクタールほど請負いでやっている。要するに高度に機械化した稲作、それで天皇賞をもらったことのある人なんです。

それから「プロ」という言葉では、たとえば農林省なんかが、いわゆる「〇〇賞」をもらうようないわゆる精農家を集めて賞状を渡すようなとき、そういうところで、農林次官とか学者の偉い人が訓辞を垂れるときに、「君たちはプロだ」という。私の頭の中では、農耕と「プロ」というのはそういう形でしか結びついていないのです。そういう人たちがそういう場で「プロ」という言葉を使うのは納得するのだが……。

「プロ」というのは、野球とか拳闘とか、いろんな世界で使われていますね。新聞や雑誌に評論を書くような書き手なんかにも、「あれは書き手としての自覚を持っている」などという。大学でいえば教育者としてのプロということかな……。

私にしてみれば、皆さんが「プロ」という言葉をお使いになることに何の異論もないけれども、私の認識では、世間での「プロ」というのは人間の使い捨ての論理にはめこまれたひとつの人間像ということなんです。使い捨てではあるのだが、多くのばあい、金の稼ぎと結びつけて、他とせり合って、できれば蹴落としてということになる。これ、非常に激しい人生の世界ですから、軽蔑も何もしないけれども……。そうなってくれれば、ほんとうに力のある王選手などは別に必要はないかもしれないが、あまり力はないが何とかこの激しい世界で勝ち抜くにはということで、ときには八百長みたいなものにひっかかってしまう。八百長までいかないまでも、あの手この手ときわどい手を使う。そうすることが報酬の対象になるわけですからね。

しかし、その人たちは必死でしょうが、彼らにそうさせていながら、実は、彼らが使えなくなればボロきれのように捨ててしまう巨大な力が背後にあるわけです。

同時に、プロを自認する人自身の仕事の中にも、使い捨ての論理があるような気もする。教師のプロというのはどうかというと、僕はできないけれども、ほんとうにプロ的に上手に教えるという方法を知らないわけでもない。それは、うそでもほんとうでもいいから、ともかくほんとうらしくしゃべるということですよ。ほんとうに学問をやっていて、そこからにじみ出たものを伝えるとなると、もう少し研究しなければはっきりとはいえないというものが常に出てくるもんで、自信が持てないというのがほんとうなんです。しかし教壇に立ったら、あまりオロオロするのは格好がつかないし、学生というのは、そういう教師をばかにするんです。そういう意味では素人っぽい教師がほんとうにいい教師だと思える。私は教育者だ、教育者としての自覚を持っているというような人は、確かに見事に教えているんですね。面と向かってはいわないが。私はそういうのを見るとうんざりする。

皆さんが「プロ」とお使いになるのは、本物の農業をしている人間としてという意味でしょうから、結構だとは思いますが、「俺はプロの百姓だ」といっている人たちの中には別の認識を持ってどんどん進んでいる人たちもいるということです。農林省なんかも、三〇町歩もの請負いをやっている人を指して「あれはプロだ」といいたいようですし……。皆さんがそういう意味で使っているのではないということはわかりますが……。

（昭和五十二年一月　農家との懇談会にて）

第二部　農耕のあゆみと農家の選択

守田志郎

農耕のはじまりと人間

播く・耕す・住む

「播く」行為の中に

人間が腰をすえて土を耕すということは、そのためのいろいろの条件が整ってはじめてできることである。条件、というと、ふつう私たちは何か客体的なもの、このばあいでは耕すための道具というものをまず思い浮かべる。耕す道具がなければ耕すことはできないという意味でたしかにそれは必要不可欠な条件であるが、ここではもう少し別の角度から考えてみたいと思う。

「播く」という行為がある。種を播く、イモの芽を植えるというようなこの「播く」という行為の中に私たちの先祖が土を耕しはじめたこととの意味をさぐってみよう。

「播く」ということは別の面からいうと収穫することである。種を播いて生えてきたものを収穫する。だから、播く行為は収穫するための行為である。「収穫するために播く」ということになる。

播いたものは播いたと同時に収穫できるわけでなくて、何カ月かたって収穫できるようになる。だから、「播く」ということと「穫る」ということとの間には一定の時間の経過がある。ということは、人間は、耕して播いた所に、収穫できるまでいつづけなければならない。どこかへ行っていて稔る頃に戻ってくるというようなことも考えられるが、これでは現実にはほとんど収穫は得られない。

つまり、「播く」という行為は「何カ月か先の収穫のためにいま播く」という行為である。

ふつう、「耕す道具」を発見したとか研究したとかいうことが重視されていて、これも必要なことではあるが、もっと重要なことは、何カ月か先に「穫る」ために今「播く」ということ、そういうことを人間が考えるようになったということなのだと思う。農業をやっている皆さんからすれば、何をあたりまえのことをいってるんだといわれそうだが、農耕からはなれてしまった現代の都会的な考え方の中には大きく欠けている点だと思う。何かをしたら、その成果が即座に出てこなければならないというような感じ、そういう都会的な考え方というのがとくに最近気になってしようがないのである。

都会のことは、さしあたりどうでもいいのだが、ただ、都会に住もうが農村に住もうが、先祖はみんな同じわけで、一時代さかのぼれば、みんな農耕をやる民であった。それが、耕して播くという生活に入る前の段階では、何カ月か先のことを考えて、いま耕して播いておくんだ、という生活の考え方はなかったと思う。つまり、生えているものを採ってくるとか、木の実を採るとか――これが原始時代の生活である。

このように、できているものを「採る」という暮らしから、つくって「穫る」という農耕の暮らしになっていく。できているものを同じように自分の畑につくるという、それだけのちがいのようでありながら、ここに非常に大きなちがいがある。これが先ほどいった穫れるまでそこで待つということ、あるいは、何カ月か先のことを考えて播くということだと思う。この「できているものを採る」ということと「何カ月か先のことを考えて播く」ということとは考え方が全然ちがう。こういう考え方の切り換えがいつ、どこから起きたのかはわからないがとにかく偉大なことである。そのことは、同時に人間が他の動物とちがう方向に進んでいくということになるのであろう。それまで、多少の道具を使うとか火を起こすとかいうちがいはあったが、できているものを採ってくるという点では他の動物と大して変わらなかったと思うのである。これが半年先のために播くということになると、だいぶちがう。

我々としては、そういう生活にもってきたということは非常に大きな飛躍であり、人間の偉大さを示すものであるといいたいところだが、あまり「偉大だ」などといっているのもおかしなもので、たぶん、それは動物とは少しちがった、人間だけがもつ欲みたいなものだと思う。ライオンでもイノシシでも腹がへれば食うという欲はあるが、人間のばあいはそのような欲だけでなく一種の向上心のようなものをもっている。より良くなろうとか、よりたくさん食べるとか、よりおいしいものを食べるとか、より暖かくとかいう、進歩、向上を求める気持がある。だから人間は万物の霊長で、どんなものより偉いんだと人間自身誇ってきたわけだが、たしかに、そういえる。が、しかし、あるいは一番ダメな、動物の中で一番ずるくて欲ばりで、弱い――寒いといえば服をつくる、家を建ててその中にこもっているといった、見様によっては非常にだらしのない生物かもしれない。

最近のように、飛行機が飛んだり、新幹線が走るとか自動車がビュンビュン走っているとかいうところまで文明が上がってきたところで、ふとふりかえってみると、永久にどこまでもいくというわけにはいかないような進歩の感じである。果てしなく求めていると、求めすぎて、そのうち人間がダメになってしまうのではないか。そういうことが、今しきりにいわれるようになっている。

それはともかく、播いてから収穫するまで待つというのは、それ以前の動物的というか、できているものを採るとか、走っている野獣を襲撃して捕まえるというのに比べると非常に大きな変化である。人間の暮らしの中で、そこから一つの文化生活がはじまっていく。文化生活の善し悪しは別として、二本の足で歩く人間である以上、われわれは文化生活の中でどう生きていくかを考えるしかない。

農耕を気づく

穫れるまで待つということになると「住む」ということがでてくる。学者が使う言葉でいうと「定住」。動かないわけである。というのは、種が播けるまでに原野を開拓するのだから非常に努力がいる。大きな木を切りたおしたり、山を焼いたりして、とにかく種を播けるような状態にする。これは大変なことだから、翌年になったら引っ越して、またやるというのではつまらない。

どうも人間というのは、はじめから知恵があったようだ。人間が一五人、三〇人と群れをなして同じところに二〜三年つづけて暮らしていると、周囲の状況が変わってくるそうである。ものを採ってきて食い排泄する。あるいは火を焚く。排泄物がそこらにくり返しすてられていくと、生えている草が変わってくる。とくに排泄物の中の窒素分の影響がはっきりと周囲の草にあらわれてきて、生長をよくさせるし、繁殖もよくさせる。したがって実もよくできるし、大きくなる。知恵があるといったのは、そのことに人間が気づいたということである。

気がつくといっても、すぐ気がついたというわけではないだろうが、そのへんから、〝これはいけそうだな〟というものを播いてみる、そういうことがはじまった。しかし、それでもまだ採ってくるほうが主だったであろう。種は地面に落ちると芽が出るといっても、深く耕して土を軟らかくして播くという認識はまだないし、覆土などという土をかぶせないと芽が出ないということまではなかなか気づかない。自然の植生では、その植物の枯れた葉がまわりに落ち、その間に種つぶが落ちる。するとそこが自ずと日かげになったり、しめっぽくなったりしていて、それで芽が自然に出てくるわけだ。枯れ葉が長年重なっていけば、そこに一種の腐植土ができて栄養分も高まっていく。ところが、人間のほうは、初めのうちはなかなかそこまで観察できず、種が落ちさえすれば芽がでると思っている。だから何もないところへ播いて種をカラカラに乾かしてしまって芽を出なくしてしまう。運よく芽が出ても枯れてしまう、というような失敗をつづけるわけである。

植物というものは、子孫を残すためのいろいろな細かい準備をして、自分は枯れていく。そこのところが人間はなかなか理解できないのである。子孫を残すということは、自分は枯れて腐植土をつくる、枯れたあとに根を残す、さらに、人間の食べ残したカスや糞尿が加わって、というふうにして新しい芽がなお一層豊かに育っていく、そういう関係のことである。

この関係を認識することがたいせつなのである。

まず土を軟らかくして、種を播いたら土をかぶせる……。ここまで考えが及ぶようになったのは、そうとう長い年月かかって観察したり、なんべんも失敗した過程を経てのことだと思う。いずれそうして人間は、無意識にではなく、意識して土を耕して、種を播き、作物をつくるようになってきたわけである。播けば移動できないから、そこに腰を落ち着けるようになる。竪穴住居を苦労してつくるわけだから、そう簡単に移動しないで何年か同じところに住むことになる。

ところが、なぜか移動していくのである。理由はよくわからないが、やはり動物が少なくなってきて、もっと豊かなところを求めていくということが考えられる。暴風雨などで竪穴住居の囲いが飛ばされて他のところへいくということもあるだろう。標高のわりと高いところに住んでいるからである。長野県の調査データで遺跡のあとを追っていくと、時代が進むにつれて標高が下がっていく。これは全国どこでも同じというわけではないが、長野県のばあいは古い遺跡ほど高いところにある。高いところほど農耕的な生活はしにくい面があるのだが、極端なばあい、山の尾根みたいなところに暮らしている。なぜ、こんなところに住んでいたのかということだが、一つは見晴らしがいいので外敵の襲撃がすぐにわかる。それから水害がやってこない。しかし、山の尾根なんかでは、風あたりが強いから、何年かに一度の大きな暴風雨があれば、もう住んでいられなくなるだろう。

住居に工夫ができて、はじめほら穴を見つけて住んでいたところから、だんだん手の込んだことをやればやるほど、人はそこに長く住むようになってくる傾向がある。しかし、長く住みたい気持はあっても、あまり長く住んでいると近くに動物がいなくなってくる。そうすると、食べものが足りなくなってくるから、今まで少しだけ耕して播いていたのを、もっとみんなで積極的にやるようになる。そうなると、もう移住ができなくなって、はっきり「定住」という形になってくる。

こうして〝住むんだ、もう動かないんだ〟というふうに腹が決まってくると、農耕のやり方が進んでだんだん焼畑の形になる。木を切りたおすこと自体がたいへんなのだが、立ち木のまま焼いても焼ききれない。そして、焼いたあとに種を播く。あとは播きつづけるのだが、播きつづけて三年、四年とたつと穫れなくなってくる。そうすると次の山に、あの山この山と山を移していく。

昭和十年代には焼畑はまだ全国的にみられた。私が学生の頃だから昭和十七、八年だが、焼畑を見に九州へいったことがある。戦争が激しくなっていて、農村に男手がいなくなり焼畑をやめたため見られなかったが、焼畑の歴史というのは非常に古いけれども、わりに最近まで日本にもあったのである。イモかなにかを植えていたようである。第二次大戦が本格的になってしまってから、そして戦後は、焼畑をする所はほとんどなくなった。

焼畑の世界

焼畑の理屈というのは、まだ施肥という考え方がない時代のことで、焼いた跡の有機物や灰が肥料になって作物が穫れる。施肥はしないので、だんだん収量は低下してくる。そうすると、今度はとなりへ行って焼く。だから、焼畑は焼く地域を、何年かすると移動していくわけである。三年ぐらいで移動するばあいもあるし、五年ぐらいで移動するばあいもある。そして何回かあっちの山こっちの山と移って、またもとに戻ってきて、またそこを焼くというように、くり返していたわけで、このへんが焼畑の特徴である。だから、土地の肥培効果というものは、まったくの天然の力によっている。

山を焼いた跡というのは非常に土地が豊からしい。あまりよい例ではないが、戦後、東京の空襲の焼けあとに麦やイモを播いたりした。あれが、実によくできたもので、イモなど山のように穫れた。都会の人といっても、農家から出てきた人や、お父さんが農家だとかおじいさんが農家だとか、何らかの農業経験がある。だから、焼け跡を耕して、肥料も売っているわけではないから、人糞をやったりした。大麦などもよくつくった。東京のどまん中の有楽町とか神田あたりでもよくみられた光景で、あれもやはり一種の焼畑である。

この焼畑農耕の暮らしがつづいている間、人間の農耕、定住の場所は、まだ平野には下りてこないで、わりと標高の高いところで暮らしていたようだ。世界をみれば、そういう山のないところで遊牧的に暮らす人びともあるが、日本のばあいは、こういう形で人の定住がはじまり、その焼畑の生活がかなり長いわけである。

ただ、焼畑についての最近の研究によると、日本のそれは東南アジアのものと非常によく似ているそうである。東南アジアの島では、今も焼畑をやっているそうだが、そのお祭りのしかたが非常によく似ているという。だから、日本の焼畑というのは東南アジアのほうから教わったのかもしれない。あるいは、東南アジアから日本にやってきて住みついた人たちがはじめたともいわれている。

東南アジアからきて住みついたなんてほんとうだろうかと思われるかもしれないが、こんな話を聞いたことがある。新聞に出ていた話だが、人間の体の中に遺伝的に伝わるビールスがあるという。このビールスは女の人だけに伝わり、ずっと何百年、何千年たっても消えないので、それによって種族をたずねることができるという。それによると、日本人は北方系と南方系とにはっきり別れていて、日本の比較的北のほう、つまり東北のほうの人からは南方系のビールスが出てくるそうである。そして西のほうの人からは北方系ビールスが出てくる。北方系といっても、日本が大陸からはなれてから移ってきたとすれば、朝鮮系になる。朝鮮系の人というのは非常に戦争に強かったらしい。体が大きくて、騎馬民族などといわれて馬に上手にのって、端から相手をやっつけていくという、征服的な能力があったらしい。それに比べると南方系の人は、おっとりしていて、人がよくて、強いものがくると逃げてしまう。それで、だんだん追いやられて、東北のほうにきたといわれる。

しかし、こういうことを実際にわかっている人は非常に少ない。だから、想像をたくましくして考えていくとおもしろいと思う。たとえば、今の話のように南方系的な焼畑のことなどを少し年配の人から聞いてみたりする。それを組みたてていくと、表向きは神社があり、お祭りがあり、全く日本のしきたりなのだが、そこにそれぞれ少しちがいがあって、それをつなぎ合わせていくと東南アジアにみられる焼畑に似ているということになる。何かの謎ときをしていくようなもので誰でも楽しみながら考えていくことができるわけで、その筋の学者たちだけが考えなければならないものでもないような気がする。そう考えると我々の祖先というのは、あんがい我々に近いものである。そんなにひどくちがった世界ではないと思う。

たとえば、サトイモというのは、もとは東南アジアの島々に自然にできていたタロイモの一種なのだそうだが、日本にはずいぶんいろいろな種類のサトイモがあるらしい。山形県などでは実によくサトイモを愛好している。秋になると、煮て食べるのを楽しみにしたり、イモ煮会がある。ところがこのイモが南方のものなのである。山形の人に聞くと昔からみんなでイモを煮て食べたりする行事があったという。この昔というのがいつ頃なのかわからないのだが、こういう寒いところで、〝昔からイモというのは何よりも我々の食べものだった〟という感じがあるというのは非常におもしろいと思う。

世界の農耕のはじまり

初期の農耕と伝播

さて、少し話を進めていこう。このように、世界で一番はじめに農耕がはじまったところはインドの西のほうだと言われている。世界じゅうのいろいろな学者が研究して、今のところ、この説はくずれていない。日本ではないという証拠もないが、日本だという証拠を出すことも今のところむずかしい。日本でもこの二〇年ぐらいに発掘されたものは多いし、非常に古い二万年ぐらい前のものがでてきてびっくりしたりすることもあるが、定住をして耕していたということが証明できるのはやはりインドらしい。

では、いつからかというと、これは幅のある話なのだが、西暦前の四〇〇〇〜六〇〇〇年ぐらいというわけである。今が約二〇〇〇年とすると、今から約六〇〇〇年、あるいはそれより少し前ということになる。西暦前二〇〇〇年ぐらいになると、中国では農耕した文化があったことがはっきり確認できる。その元であるインドが紀元前四〇〇〇年以上前だとしてもうなずける。日本ではっきり確認できるのはこれよりずっとあとになるのである。

ところで、インドが農耕の第一次中心地というわけであるが、インドといっても実際にはインドの

初期の農耕の伝播

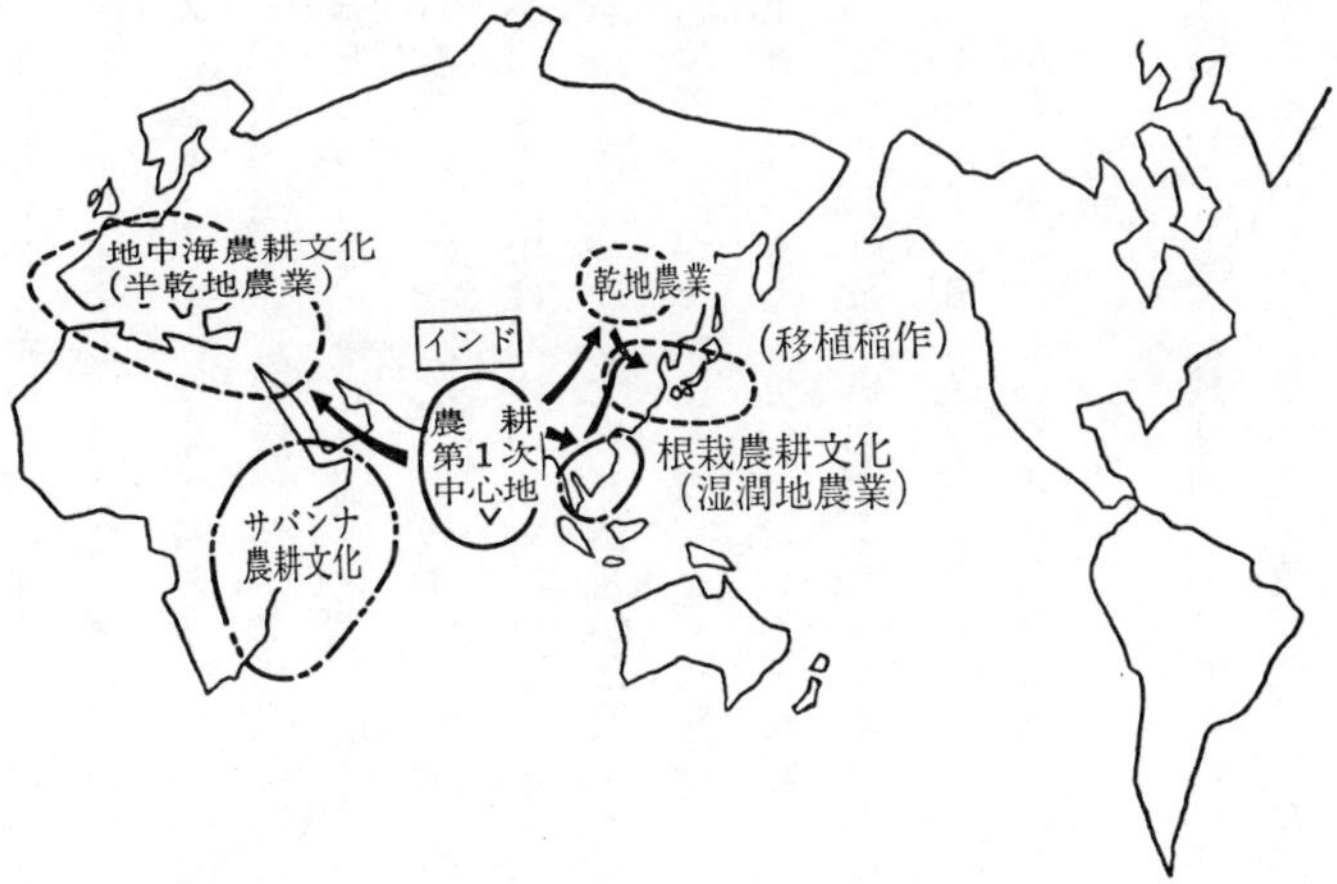

西北寄りといわれている。このへんから世界の最初の農耕がはじまった。

それで、先ほどの話だが、住んでいるうちに周囲の環境が変わっていくのに気づいて、〝これはいいな〟と思って播いていったわけであるが、その中の一つとして小麦とかハトムギというものがあっただろう。その他に米があったという想定もある。これは野生的な植物として最初にどこに生えていたということでなく、作物として使いはじめたという意味である。そして、米のほうは主として東南アジアから中国へと広がっていく。これについては後でふれる。麦類は西のほうに移っていって、ヨーロッパ畑作農業の主要な穀物になっていく。地中海周辺の気候のいいところで麦の耕作が定着していったといわれている。

さて、このような農耕文化の広まりは、ほんとうにインドから教わったのか、ほんとうにはっきり証明されているのかわからないのだが、ふつうは人が伝えるとか移住するとかして広まっていくといわれている。では、このインドの人たちは利口だが、他はみんなちょっとにぶくて教わるまでわからなかったのかというと少し疑問に思うのであるが、とにかく、地中海の周辺で農耕がはじまったのはインドよりずっと遅かったということは確からしい。

農耕といっても、今の田畑の状態を頭に浮かべるとわからないが、だいたいは草や木がたくさん生えているところにみんないるわけで、まずその草や木をどうにかしなくてはならない。

いわゆる大陸では、木の生えていない広大な草原地帯があるが、こういう地帯は、いきなり耕すと水分が足りなかったりする。農耕がはじまってそれが広まっていく地帯というのは、やはり木の生えている場所が多かったようで、とくに東南アジアでは、そういう木の生えた山がかった所に多いらしい。これははっきりしておきたいことだが、いわゆる平野部の穀倉地帯みたいなところは最後に耕地になっていくわけで、いちばんやりにくいところなのである。だいたいそういうところは大きな川が流れているから、雨がたくさん降れば洪水になるし、裸の土地だから、強い日が照れば乾燥してしまう。だから、平野部というのは意外に耕地になりにくい。とくに東南アジアや日本などではそうである。

だから、定住して農耕するということは、まず山を焼き払うということが伴っている。先に述べた焼畑である。山を焼き払って、焼いた跡をなんらかの方法で耕して、そこに種を播いたり、イモの芽を植えたりしていくわけである。そうすると、イノシシがやってくる。猪害《ちょがい》を防ぐために垣根をつくるとか、ずいぶん手間をかけて畑をつくる。苦労してつくった畑をそう簡単に放っぽり出して、よそへ移住してしまうということはない。何年かすると他の所へ移動することがあるそうだが、だいたいは定住ということになる。

ヨーロッパと畑作農耕

こうして、焼畑は、とくにアジアのほうで長く続いた。しかしヨーロッパのほうでは少し事情がちがう。

ヨーロッパでの定住、農耕がはじまるにはどういうことが必要だったのだろうか。ヨーロッパ人は東洋人の人間よりも肉食を重視している。いつ頃から肉食の生活を好むようになったのかは自信をもっていえないが、ずいぶん昔からなのであろう。木の実や草の芽も採って食べているが、なんといっても肉を食べることが好きで、野獣を追っていたのである。しかし野獣を追ってばかりいてもたいへんだから、そのうちに獣を飼い馴らして、それをつれてきて草の生えたところをみつけて暮らすという遊牧的な生活になった。ただし、ヨーロッパは気候風土が地域によって非常にちがうので、それができるところと、できないところとがあると思われる。こういう状況にあったからかどうか、とにかく、われわれ日本人の先祖にくらべれば、ずっと肉を食べることに慣れていたといえる。

日本では、農耕をして米や麦をつくって食べる。それで腹が満たされたという感じがするが、ヨーロッパ人の感覚からすれば、穀物だけで腹を満たしても、それだけでは満足できない面がある。やっぱり肉を食べなければダメなのである。だから、ヨーロッパの農耕は、まだどの村でも共同耕作をやっていて原始生活に似た暮らしをしていたかなり古い頃の記録などを見ても、まわりに放牧地をもっている。同心円というわけではないが、まん中に家があるような集落である。そのまわりに耕地があって、またそのまわりに放牧地がある。人が住んで、村ができたといえば必ず放牧地がついている。裏返していえば、肉をいつでも食べられる状態でなければ、がまんができないというわけだ。

したがって、いくらアジアのほうから種を播いて麦をつくるという知恵が伝わってきても、肉を食うために動物を飼わなければならないという彼らの一種の食生活の好みというものも作用して、農耕がはじまるのにずいぶん手間がかかったと思われる。まず家畜を飼い馴らすということと、山を焼きはらったりして、いい草地をつくってそこに牛を放牧するという条件がつくれないと、農耕そのものがはじまらないという関係だったのであろう。

焼畑から二圃制・三圃制農業へ

さて、こういうふうに家畜を放牧しておいて、いっぽう自分たちは農耕の生活をはじめる。この耕すというのは焼畑のような生活をしているわけだが、焼畑も山の多いところではつづくのだろうが、平らなところではだんだん焼畑をやめて、焼畑の変形のようなものだが二圃制というものになっていく。耕地を二つに分けて、一方で一〜二年麦をつくっていると、もう一方のほうが草ボウボウになる。そこで草の生えたほうを耕して播く。圃場を二つに分けて交代に使うわけである。それが、だんだん、草を山から刈ってきて土に入れるとか、原始的ではあるが、何か肥料を土に入れるとかいうように進んでくると、もう少し欲がでて、圃場の半分でなく、もう少し播きたいというようになってくる。二圃制から三圃制への移行。これは、ヨーロッパ全体がこうだというわけではない。三圃制などなかったところもあったと思うし、地域によってさまざまだったと思われるが、おおむねこの三圃制がヨーロッパの封建制度の時代にずっとつづく。日本でいうと徳川時代である。

ところで、二圃制というのは半分播いて、あとの半分が休閑地である。三圃制というのは三つに分けたうちの一つを遊ばせる。このばあいは、はっきり一年ごとに移動していく。だから、いつも三分の一の畑は休んでいるわけだ。

三圃制になると、ただ漫然と播くのでなく、作物の性質を考慮しながら、たとえば一年間遊ばせて地力が少し回復した畑を起こして豆科の植物を播き、さらに土地が肥えたら翌年は小麦を播くというように、だんだん播き付けの順序などを緻密に考えるようになってくる。

また、二圃制でも三圃制でも、ある時期になると休閑地に放牧地から牛やひつじをつれてくるようになる。放牧地をなくすというわけではない。家畜の一部を休閑地に放牧するのである。牛とかひつじを、あるいは牛とひつじを交互に放牧する。このばあい、ひつじは牛のあとに入れる。牛を先に入れていい草を優先的に食わせ、残りをひつじに食わせる。ひつじは根の株ギリギリのところまで、土の中に鼻先をつっこむようにして食べるからである。ここを上手に見極めて行なわれるのが牛とひつじの混牧で、今でもヨーロッパやオーストラリアでは有効な放牧のしかたとして利用されている。

話は前後するが、畑を共同で耕していた時代がずいぶん長くあったらしい。焼畑の頃は、大規模に火を燃やすわけだから一人一人でやれないということもあり、自然に集落とか部落みんなでやったらしい。もともと農耕というのは、みんながいっしょにやる仕事としてあったのである。

農耕、したがって定住がはじまると、家族というか親と子、親戚がふえてくる。そして一つの生活単位としては無理なくらいにふえてくると、どの段階かで分かれていくことになるのだろう。それにしても、親と子ども、それにおじさんとおばさん、その子どもというぐらいの家族単位で暮らしていたとみていいだろう。つまり、乱婚の時代だから亭主とか女房というものはないわけである。男と女の関係が明確に夫婦という関係にできあがらなければ、「家族」というものも明確にすることがむずかしい。といっても、血のつながりがぜんぜん確かめられないわけではなくて、女方《かた》をたどって確かめることができる。〝おまえの父ちゃん誰だ〟といってもわからない。それが〝おふくろは誰だ〟といえば、これははっきりしている。自分を生んでくれたおふくろはわかる。だから乱婚の時代といっても親子の関係はあったわけだ。ただし母親との間だけでの関係でそういえるのであって、これは母系制の時代といわれる。だから、男の子でも自分が大事にすべきものは母親だということで女が強かった時代だ。卑弥呼という女帝もいたようだし……。

それが、だんだん夫婦というものが構成されてくると、やはり男のほうが腕力があったり、戦争好きだったりということで、けっきょく、男が支配するように切りかわっていく。

そういう過程といっしょに、家族の単位、「族」の中の「家族」というのが分化していく。しかし、かなりの大家族だったと思われる。この大きな家族が共同で耕していたのか、それらの家族がいくつか集まって構成された一つの集落全体でやっていたのか、それはさまざまな形があるようだが、およそ耕地は共同で耕し、放牧地も共同で利用されていたようである。それが少し時代が進んでくると、個々の家ごとの菜園ができてくる。野菜をつくったりすることを個別に考えるようになるわけである。家の裏のすみに菜園がそれぞれあって、あとはずっと広い共同の耕地があるという感じだったようだ。

おおざっぱにいって、これまでが古代にあたる。中世封建制社会になると、耕地が家ごとに分かれていくようになる。つまり、古代の頃は共同で、中世になると個別になる傾向があるのである。

食生活の知恵

ところで、通年放牧をやっていると、冬には牛でもひつじでも殺せない。エサがなくてやせてしまっている。それで、すっかりやせ細った牛が、また春になって木の芽や草を食べて太りだした頃に殺して食べるわけだが、この他に貯蔵をするようになる。ここからヨーロッパ人の貯蔵の技術がでてくる。だから、ハムとかサラミというのは冬の肉のないときに食うものとしてできたわけで、ビールのつまみとしてつくったのではない。

この貯蔵の技術はほとんど燻製である。今はハムとベーコンとははっきり区別されているが、燻製という意味では同じものである。ハムというのは豚のももあたりの肉を燻製にしたもので、ベーコンというのは脂の多いバラ肉を燻製にしたものだ。脂が多いから生で食わずに火を通して食べるわけで、現代ではハムの燻製の時間というのは短い。おまけに最近の燻製というのは薬漬けにして燻製と同じような効果を出すというようなことをしているそうだが、あんなものを食べたらガンになってしまうかも知れない。ふつう燻製の時間はハムだと一日か二日、ベーコンは一週間から一〇日ぐらい。そこで持ちがちがってくるそうである。

ハムやベーコンでおもしろい話がある。今は、これをつくるのに材料を塩水に浸けるが、塩気をしみこませるのに硝石を入れたりする。これは硝石を入れるときれいに赤みがつくのと保存がきくということがあるらしい。では昔の人たちも硝石を混ぜていたかというとそうではない。昔のヨーロッパの人たちは岩塩を使っていた。岩塩の中にマグネシウムその他のいろいろな養分が入っていて、これが浸みこんでいって色合いやらうまさをつくっていったらしい。ところが今では同じようにつくろうと思っても塩がすっかり精製されていて、できないわけだ。それで研究の結果、硝石を入れればいいなどというバカげた話になってしまうわけである。昔の人が何の意識もなしに岩塩でつくったらうまいのができたという、知らず知らずのうちに得た知恵、こうした知恵はいくらでもある。

ヨーロッパの農家の地下をのぞいてみれば、ブドウ酒とか腸詰めがずらりと並んでいる。腸詰めというのはソーセージで、あれはよく考えたものである。殺したひつじやら何やらの腸の中に、コショウや香料を入れて味をつけた肉を詰めて、間を縛る。そしてそのままでは腐ってしまうから、保存しておくために、塩水につけ木の葉で燻して燻製にするわけだ。

この燻製をつくるには、堅い木がいい。それと香りのよいもの、松の葉とか月桂樹の葉をまぜて燻らせると、うまいのができるというわけだ。

こういう木の選び方にも知恵がある。時間をかけて燃えるものとか、炎を出して燃えるものとか……、炎を出して燃えるものでも「小さな炎が一晩じゅう消えないで翌朝になっても燃えているようなこういう木はジャムをつくるのにいい」とか、「暖炉に使うのはこの木……」とか、いろいろある。そういう、ヨーロッパの農家の山というか自然とのつきあい方には、日本とはちがったものがあるようだ（もちろん日本にも日本の農民の生活体系からくる別な山とのつきあい方は、伝統的なものがあるわけだが）。彼らは、ジャムをつくるとか燻製をつくるとかいう感覚で、山の木を燃料として手がけている。実におもしろい。今でも、それは農家ではおばあさんの仕事らしい。おばあさんが主人公で、嫁さんにやらせるわけだ。これが、おばあさんの言ったとおりにやらないと、決してうまいジャムはできないらしい。くべる薪からしてちがう。それを選ぶことから始まるわけである。日本の農家の、農家のとは限らないが、嫁が漬物をつけるのに、おばあさんに聞かないとわからないというのと共通した問題だ。

私たちがビールを飲むとき、サラミを食べたり食事のときにウインナーをつけたりするが、これは食べたいから店から買ってきて食べているわけだ。ほんとうは仕方なしにできた食べ物なのである。ほんとうは生肉を食べたいのだが、通年放牧をやっているから冬は牛や豚がやせていてつぶすわけにはいかない。だからハムやベーコンにして貯蔵する。牛はハムやベーコンにならないから、ソーセージにする。これは戦前、腸詰めといっていた。すぐに食べるものは蒸したり茹でたりする。貯蔵用にするには、香料などを入れて、よく燻製する。これがサラミである。つまり、生活、したがって生産の知恵から出た産物なのである。それが現在は、ソーセージが食いたいから食べるというように、ちがう食生活が吹きこまれている。日本の食べ物の中にも、そういった知恵はたくさんあるのではないだろうか。干物が食べたいとか、漬け物が食べたいとか。しかし、これは、もとは貯蔵用として農耕や暮らしとの関係でできた食料だ。日本では動物を燻製にするといっても、それは魚だ。あとは植物性のものを貯蔵する。この点はやはりお国柄というものであろう。

ところで、なぜ冬にも肉を、というように農家の人が考えていったのかということだが、これは農民を支配する貴族や領主が一年じゅう丸々と太ったひつじを食べたいとか、クリスマスに食べたいとか、息子の誕生日に豚の丸焼きを食べさせたいということで村に命令を下すわけである。日本では殿様や領主が農民に出させるものは、ふつう米だけであって豚やニワトリを出せというのは特殊なばあいだ。ところが、ヨーロッパのばあいは年貢や租税としていろいろなものを出させている。豚を出せ、卵を出せ、小麦を出せともいうであろうし、あるいは綿をつくって出せとか、麻を出せとか、生活に必要なあらゆるものを農民に直接出させる。ヨーロッパの領主は直営地といって自分でも畑をもっていて、これを農民につくらせる。これが、ずっと封建社会が終わるまでつづく。だから、ある意味ではとてもきびしいわけだ。日本とは全然形のちがうきびしさである。要求が苛酷なわけで、食いたいと思うものを出せというのである。

そういうこともあって、いつ要求があっても、あるていど太った家畜を出せるようにしなければならなくなる。冬のクリスマスに太った豚や牛やひつじを出せという要請があれば、やはり冬にも牛をやせさせておくわけにはいかなくなる。そして、この関係が、牛を売ってお金にするとか、商人が冬はひつじを高く買うとかいうことになるわけである。だから、私の感じでは農家の人が自分で食べたいからということよりも、そういう外からの要求があって、冬はあるていどの家畜を山から下してもってくる。そして冬にエサを食わせる、日本でいう夏山冬里方式ということで、舎飼いなどがはじまるのだと思う。あるいは家の近くにもう一つ放牧地を設けておいたり、平場で雪がないところなら空いている耕地に放牧しておいたりする。今でもヨーロッパに行くと、山の放牧地と山あいとそれから家の裏の放牧地とか、いろいろ組み合わせている。だから、村に全部で一〇〇頭の牛がいれば、そのうちの三〇頭はいつも休閑地や畜舎で飼っているというようにしている。これは冬のためということだ。

ただ、牛乳をしぼるには舎飼いにしておかないとダメであったろうと思うのだが、乳しぼりというのは畜舎の中でやるとは限らない。山へ乳しぼりに行っていたようである。ヨーロッパ人は昔から牛乳を飲んでいたから家に乳牛を飼っていたのだろうと思うかも知れないが、だいたい乳牛などという概念はないわけで、牛あるいは山羊という認識だけである。日本ではあまり乳牛、乳牛というものだから、都会の人は乳を出す牛は乳牛だけという錯覚を起こしやすいが、よく考えてみれば子どもを生む母親の牛ならみんな乳を出すわけである。だから、山で乳を出す牛をつかまえては乳をしぼっていた。

おもしろい挿話をひとつ。バターをつくる技術はどうしてできたかというと、山に乳をしぼりに行って、馬にのって山を下って帰ってくるわけであるが、その途中で脂肪層が厚く固まってしまった。つまり、缶かなにかに牛乳を入れて山から下ってくるのだろうが、その途中で具合よくゆさぶられて、脂肪が分離してしまう。これを食べてみると意外にうまい、ということでバターができたという。これをみても、乳しぼりは畜舎の中で、と決めて考えるのはどうかと思う。山でも乳はしぼれる。乳をしぼるために舎飼いがはじまったのかというと、必ずしもそうではないということである。

堆肥への認識

それで、領主の要求のきびしさと、次第に牛を売ってお金にするとかということから、里へもってきて育てる、肥えさせるということになり、休閑地に遊ばせておくと牛やひつじが糞をする。これが、おどろくべき肥料効果を発揮することに気づく。そういうところから家畜の糞を積極的に堆肥として利用するようになっていくわけである。

つまり、山から連れてきた牛やらひつじを放牧する、と不思議なことに、ものが今までよりもとれるようになる。牛やひつじの糞や小便が肥料になっているのはすぐにはわからないだろうが、放牧しておくと具合がいいというわけだ。つまり、生草をそのまま鋤き込むよりは、牛やひつじのおなかを通したほうがいい。そういう意味では、牛やひつじは土地を肥やしてくれるたいへん具合のいいものである。

その点、日本のばあいはハンディがある。日本では家畜を放牧するという関係がなかなか起きない。だから、ずいぶん長いこと草だけを肥料源としてきた。やがて人糞を使うようになる。人糞を使うということは「肥料」という認識をもっている。家畜のばあいは、放牧してから、いつのまにか肥料になっていた。別に「肥料」という認識はなくていいのである。彼らは草を食わせて牛を放牧しているだけなのだから。

人糞のばあいは、だいたいは固定された所に捨ててある。それを汲み取って、畑にもってきてまくということは、「これは肥料だぞ」という認識がなければ出てこない。だからそういうふうに、糞尿を土に入れるようになるのはヨーロッパのほうが早いし、無意識に行なわれるようになった。こうして、ヨーロッパの畑作農業ができていくわけである。

この家畜の糞が「いいぞ」となると、家畜の糞を別にとっておいて、敷ワラといっしょに積みあげて、それを堆肥として使うようになる。そうなると、だんだん「もっと畑の利用度を高めていこう」ということになってくる。そして、二圃制から三圃制に変わっていく。三圃式は、畑―畑―草と三つに分け、草を生やしてある土地は休閑地。つまり、家畜の糞を使うようになると遊ばせておく土地を減らすことができるわけである。二年に一回しか使わなかった畑を、三年に二回使うようになるわけだから利用度は高まる。同じ三圃式でも本格的な三圃式になると、休閑地はなくして堆肥にマメ科の植物を必ず入れるようになる。これは飼料作物のばあいもあるし牧草のばあいもある。飼料作物とエンドウを組み合わせて入れたり、必ずマメ科のものを入れてマメ科の作物で土地を肥えさせることを合わせて考えるわけである。それに家畜の堆肥を入れるわけだから、もう遊ばせておく休閑地というのはなくなる。さらに、これは五圃式ということになって現在に至る。

今でも、だいたい、畑というのは二つ、三つ、人によっては六つとかに分けて順ぐりに作付けを変えていく。これが普通になっている。そして、今年、小麦を植えた畑は、来年は他の作物を植える。イモとか飼料作物のマメ科のものであるとか、そういうものを、うまく組み合わせてやるわけである。アメリカは少しちがうが、ヨーロッパの普通の農家の普通のやり方というのは、そういうわけである。ただ、彼らの土地は広いから、見渡す限りの麦畑だとかいうことになるのだけれども、これは五圃式の方法でやっている農家であれば、自分の耕地の五分の一以上は決して同じものはつくれないということになる。一町歩の農家ならば、二反歩以上は小麦はつくらない、そういうふうにしなければ、五圃式は成り立たない。たとえば、二反つくるべきところを三反つくってしまったら、どこかでぶつかって支障を起こすことになる。日本のばあいは、田んぼの米があるから、田畑合わせて一町歩の人でも、毎年六反歩は稲が植わっているという特殊な現象が起きるけれども、ヨーロッパのばあいは、いろんな作物が組み合わさって、順ぐりになっている。

深耕と一体で　草の生えているところに家畜が糞をする、それをひっくり返す。これは、たいへんな作業である。家畜が糞をして、しかも、草が地面に生えていてそこを畑にするには、かなり深く耕さないと、肥料が効きすぎて徒長したり、青立ちになったりする。だから、「深耕」ということが、ヨーロッパの耕耘の必要不可欠な条件になる。日本の農耕の歴史をみると、深耕ということをそれほど必要とした時代はなかったようである。ヨーロッパのばあいは家畜がたくさん糞をしたり、あるいは堆肥をいっぱい入れるということで、深く耕すことになるわけである。したがって、ヨーロッパの農耕は畜糞と深耕というのが一体になっている。

日本でも馬はかなりたくさんいて、貴族が乗ったり侍が戦争に使ったりしている。しかしこれは古代の話であるから日本の農家が馬を飼うというのはきわめてまれだったとみていい。しかしあの奈良の都ばかりでなくて、ずいぶん早くから豪族たちは主として戦争が目的で馬を持つようになった。これはもちろん畜舎に飼っていた。そしておそらく朝鮮などから教わったかと思うのだが、朝廷とか地方の領主の直営の農地で農民は毎日のようにかりだされては、働かされているわけだが、その直営地で馬の糞を入れているのである。その記録によると、敷わら、敷草を積みあげ、集めた農民たちに運ばせて畑に入れさせ、鋤きこませるという。ところがそんなに古代でありながら、そのあとずっと農村では家畜の糞を使うということは、絶対になかったわけではないが一般には見られなかった。そしてどちらかというと、人糞のほうを使うようになるのである。

この人糞を使うということと、ヨーロッパのように畜糞を鋤きこむということとの非常に大きな違いは、耕す犂の形が変わるということである。二圃制のばあいでも、三圃制のばあいでも、休閑地に草がいっぱい生え、はじめはそのまま鋤き返していた。これも大変力のいることである。そこへ家畜がたくさん糞をする。糞がたくさん入ると、深く耕さないと、今でいえば肥料分が過剰になって、倒伏したりしてうまくない、ということを自然に体験してゆくのであろう。できるだけ深く耕すということがヨーロッパの犂の形にはっきり現われてくる。ことに畜舎の敷わらなどを堆肥にして入れるということになると、ますます深く耕さないと逆にマイナスになる。だから日本のように、草を鋤きこみ、そして人糞をやるというような肥料のやり方——肥料のやり方ばかりが理由ではないとは思うが——が、非常に大きな事情のちがいをつくりだしていくわけである。

鋭い刃を土に切りこむようにしていくのがヨーロッパの犂、東洋の犂というのは亀かマムシの頭を踏みつぶしたような形、つまり日本の犂というのはそういう感じのものである。その犂先を土の中へくぐりこませていって、起こしていく。ヨーロッパの犂はタテに刃がザクッと入っていく。そして土を返していく。私の学生の頃に先生がヨーロッパのプラウは土を切るものである、というふうに言われたが、その意味が最近とてもよく感じられるようになってきた。切り込むのである。ことに、ディスクプラウという犂体が丸くなっているプラウもそうだが、もっと深いのはボトムプラウである。これは、非常に力が必要になるので、一頭の馬では引けない、その代わりいっぺんに土を返していく。それから鉄をたくさん使っていて重い。木の先に犂先をつけるのが日本の犂。犂の先だけつけるから犂先という言葉がある。

ヨーロッパの犂もこういうふうになる前は、やはり木の枝の曲がったのを使ってやるということからはじまっているようで、しだいに鉄の丈夫なものになってきたのだと思う。それを二頭とか、あるいは二条つけて四頭の馬で引くとかということになる。では四頭の馬をどの農家でも飼っているかというとそうはいかないわけで、犂を共同で持つのはヨーロッパの中世、日本でいうと徳川時代にずいぶんあったらしい。犂だけが共同というわけである。日本でトラクターを共同で持つというのはなかなかうまくいかないらしいが、そこがちがうのかもしれない。ヨーロッパでは、犂の共同体というものがドイツなどで全面的に自然にできていた。別に共同体の精神などと誰も言うことなしに、そういうことができていったらしい。

この深耕型という切り込み型のヨーロッパの犂はどんどん一定の進歩をしていく。そして堆肥をたくさん入れる、入れれば入れるほど深く耕さなければならない、ということで、天地返し、反転がヨーロッパ農耕の基本的常識になっていくわけである。

こうなっていく理由としてひとつには、ヨーロッパという所は、北と南その他によって違うけれども、だいたいにおいて気候風土が畑作に非常に具合がいい。ヨーロッパでできあがった農耕をよく乾地農法というが、この乾かす農法、ドライファーミングという言葉が何か読んでいるとしばしば出てくる。これはヨーロッパの深耕畑作農業である。ヨーロッパの畑作農業の特徴は深耕というふうにとらえていただくといいと思う。深耕の意味は、堆肥を多量に投入するということと一体になっているわけで、今でもそれは変わりない。トラクターの耕起の仕方も基本は変わっていないし、それから堆肥を多量に入れるという点でも変わっていない。

堆肥を主体にする農業になるということが、また深耕の意味がそれで生きるわけである。日本でも堆肥を使うようになってくるが、日本のように人糞尿を水に溶いて、つまり水肥としてやっていくという耕法のばあい、戦前の肥料学の本を見ていると、あまり深く耕すとかえって肥効が逃げてしまうということになるといわれている。まして化学肥料だけでやるということになると、深耕それ自体は、根の発達その他にとって非常にいいのだが、肥料効果からいうと、深く耕しすぎてマイナスになる。

ヨーロッパで犂で可能な耕深というのは、三〇センチから四〇センチくらいまでを言うらしいが、深く耕せば耕すほどいいということを現代でもいっているのは、やはり今でも堆肥への依存を基本にしているからだということになる。現在でもヨーロッパでは、非常に大きな堆肥舎を個々の農家が持っている。

堆肥舎についてどなたかと話していたときに、日本には堆肥舎というものはなかったのではないか、堆肥だけの建物、堆肥のために建物をつくったことはやはりないと言われた。そういえばそうである。日本の堆肥というのは外に積みあげて何かかけるか、それとも、畜舎の一部に積み肥にしておくというもののようである。ヨーロッパで堆肥舎というばあい、他のものを入れているばあいもあるが、普通、あれが堆肥舎だというのは、行ってみると他のものはほとんど入っていないようで、住居よりも大きいばあいがいくらでもある。それが全部堆肥でいっぱいになっているわけではないが、そのひとつの堆肥舎の中に、山のように三階だてぐらいの大きなものがつくってあって、そこに積みあげてある。それを切り返しするから、かなりのスペースが必要になってくる。いつからああいうふうに、堆肥舎といわれるようなものを本格的につくるようになったかはあまりはっきりわからないが、現代でもまったく変わりない。まったく変わりないといってよいくらいに、堆肥舎というものをだいじに考え、立派で、住宅より大きいというのはいくらでもある。肉食だということだけで説明するつもりはないが、やはり家畜と一緒に農耕がはじまり、そしてそうしているうちに家畜の糞を使うようになったのだと思う。

日本でも古代貴族が戦争用に馬を飼っていると、その糞が自然にその貴族たちの経営する畑には入れられるようになるということがある。もし、農民が家畜と共に暮らすということがはじめからあれば、農業のちがう形がずいぶんできたであろうと思う。その点は日本ばかりでなく、中国などでも、人糞を有効に使うようになるまでは、ずいぶん肥料の少ない状態で長いこと農耕をやっている、ということだったようである。

日本の刈敷

日本がヨーロッパとちがう点がひとつあるのは、草が非常に豊富なことである。つまり草が生えて困る、雑草が生えすぎるわけだ。その草を刈ってきては畑や田んぼに鋤き込むということをやってきている。古代から大量に草を取ってきて入れるということは行なわれている。刈敷という。敷といったら、敷わらの感じがするけれども、刈敷というばあいそうではない。カリシキとか、カッシキとか、万葉集にもこういう言葉が出てくるらしい。これは草を刈ってきたり、それを畑や田んぼに鋤き込んだり、ふみ込んだりすることで、田んぼのばあいは、田んぼの上に一面に草をまき、その上を歩いて入れる、踏み込むわけである。そして踏み込んだ後を板のようなもので、平らにして、そこに稲を植える。そういうことをやっている。この刈敷農業、刈敷農法の時代は、日本では非常に長い。何百年ときちんとはいえないけれども、そのくらい長いわけである。草は豊富だったが、家畜の腹を通すという過程が、知恵としてあるないではなくて、家畜そのものがほとんどいないのだし、ポチポチ入れるのは役畜だけで、馬か牛が一頭、大きな家なら二頭持っていればというのがせいぜいであろう。ヨーロッパでは自分で食うための家畜であるから、その数がちがうわけだ。ひつじ何十頭だとか。小さな農家でも牛やひつじといろいろ飼っているわけだから、およそ出てくる糞とか、数がちがう。放牧して、そこで捨ててしまっているという面もあるだろう。しかし、山に放牧した牛と糞で生えている草を刈ってきて、そして、畜舎にいる家畜に食わせるとか、そこはむだなくうまくいっている。

そこで大事だと思うのは、ヨーロッパでは今でもその基本の型というのは変わっていない。かなり機械化はされているが、機械化されていても、その基本というのは、昔からの人たちが鋤で起こして、何十年、何百年とかかってヨーロッパ風の深耕の畑作農業ができ上がった。それが今度は牛が引く犂になって、もっとよくできるようになる。それを機械で引っ張るようになればもっと深耕できて堆肥もたくさん入れることができる。そういうような形で、祖先のつくってきた農法を変えて立派なものにしていく。機械化しながら継承しているわけである。機械化、あるいは近代化というのは過去のものを否定するものだというふうに思いがちであるが、過去のものを大事にしながら労力を省く。しかも労力を省いて楽にするだけでなく、もっと有効に家畜の糞などを使う、おもしろい考えだと思う。多分ヨーロッパ中世期につくり上げられたであろうこの切り込み型の犂、それがプラウであり、そこで確立されたプラウの原理に今も昔もないように思うのである。

こうした農耕が地中海沿岸のあたりにできて、それがしだいにヨーロッパの北のほうに広がっていき、そしてヨーロッパ全体に三圃式と深耕の畑作農業ができていくということになる。

アジアの農耕文化

今までのはヨーロッパの農耕ができ上がっていく形である。次にアジアそして日本のことを考えていこうとなると、東南アジアからはじめなければならない。学者の言葉でいうと、根栽農耕文化というのがある。根栽とひとくちで言ってもいろいろあるようだが、タロイモというのが非常に代表的である。タロイモというのは、われわれの知っているものでいえば、サトイモの本家みたいなものだ。イモ類には――イモ類といっても、バレイショ、カンショは別――いろいろな種類、それはもう何百というくらいの種類があるらしい。そしてわりと自然に生えてきて、湿地を好む性質がある。暖かい所と、湿地がタロイモの生育の適地。サトイモとタロイモがどうちがうかという人があるけれども、本家と分家がどう違うかというのと同じで、そういう比べかたはないんだ、包括していえばタロイモなんだと、いわれている。そういう根栽農耕文化――自然に生えているものを取ってくるのに何が農耕か、と思うだろうが、そういうものではなくて、これを畑に栽培し、このタロイモからデンプンを取って、加工して、いろいろな食物をつくる、デンプンを貯蔵しておいて、それを練ったり焼いたりして食べる、という食生活の文化が東南アジアではじまっていくらしい。

日本にヤマイモというのがある。これもやはり根栽農耕文化。ヤマイモというのはずいぶん寒い所でもできるものであるが、ヤマイモまで南方から来たものということになると、いったい日本には何があったのか、ということになるわけだ。

ヒエとアワがあっただろうといわれるが、ヒエ、アワはアフリカから東南アジアへ来ている、原産ではない。図（五九ページ）にアフリカにサバンナ農耕文化というのがのっているが、この地帯で原始から古代に変わっていく過程でヒエ、アワを主体にした農耕がはじまるわけである。そしてこのヒエ、アワの農耕がアフリカから東南アジアのほうへ移ってきたと言われる。アジア、東南アジア、インドでもそうであるが、ヒエをたくさんつくっている。日本よりもずっと前につくっているらしい。このヒエ、アワというのはアフリカでは作物として育てる。野生として生えていたというのではなく、つまりアフリカの人間がそれを播いて暮らしていた。あれは食えるものだということがずっとアジアのほうへ伝わってきて、東南アジアでつくられるようになったらしい。

そしてもうひとつ、インドから起こっている米つくりが入ってくる。東南アジアというのは非常に豊富な農耕の種類、つまりイモ類、タロイモ的なもの、サトイモ的なもの、それからヤマイモ的なもの、それからヒエ、アワ、そして米をつくっていく。東南アジアはこのように非常に豊富な農耕文化の混在している所である。そしてこの中からヒエとアワと米とが、中国に向けて入っていく。とくにヒエとアワはどんどん北のほうにいくが、米はなかなか北にいけなくて、どちらかというと、華南に定着する。そして、ヒエ、アワはもう少し北のほうでもつくれるという形で展開していく。最終的な終着点は日本だが、ヨーロッパとは全然別な形である。ヨーロッパでヒエ、アワというのはあまり聞かない。ヨーロッパでは麦類を主体にしてどんどん農耕が展開していく。それから麦とカブ、豆、そういう形でヨーロッパの農耕は展開する。東南アジアではジャガイモは別として、イモ、そして、ヒエ、アワ、米という形で一度農耕が集合し、そして米が北上して中国に行く、と今までの研究ではされている。

ただもうひとつ、よくわからないがちがった系統が中国の北のほうにあるらしい。それはチベットという大変な難関があるので、どういうふうにして展開したのかはよくわからないけれども、麦の耕作というものがある。中国の華北のほうでは次第に麦が主体になって、盛んに麦つくりが起こってくるようになる。それからもうひとつ大きいものとしては綿の移ってゆく農耕文化圏というのがある。これはあまりよく知らないが、綿作も中国の北のほうでは盛んに行なわれている。こうした農耕文化の流れがある中で、日本のばあいはどうなっているのかということになってくる。

「農耕文化」という言葉

ところで、「農耕文化」という言い方であるが、ヒエ、アワの農耕文化を「サバンナ農耕文化」、そして、タロイモ、ヤマイモは「根栽農耕文化」、ヨーロッパの畑作農耕は「地中海農耕文化」と言われる。どうして、農耕文化という言い方をするのか。要するにサトイモを植えていたことじゃないか、それを、なぜ根栽農耕文化というのか。これは、おもしろい、だいじなところだと私は思っている。たとえば、どこかの村でキャベツばかり、二〇〇町歩も三〇〇町歩も一面に植えていると、あれは、キャベツ農耕文化というのかと、そういうふうに言ってみたとしよう。そうすると、どうもシックリこない。そのシックリこない理由というのは、すぐに説明できないけれども、農耕文化――この農耕という言葉と文化という言葉を結びつけての農耕文化というこのとらえ方というのは、そこに生活があるということなのだと思う。つまり、それを売って自動車を買うということであると、それは、どちらかというと自動車の文化ということになると思う。そうではなくて、生活のしかた、これは食べることだけではなく、根栽農耕文化のばあいはタロイモをつくるということであるが、タロイモをつくり、煮て食べたり、搗いてダンゴにして焼いて食うとか、押しつぶしてデンプンをとるとか、そして、タロイモだけでなくて他の作物もつくる、衣類の繊維製品の原料になる作物もとれる――そういう、生活に結びついた農耕というかその村、その時代のその地方の人たちがもっている、いろいろな、ものの考え方、生活様式、行動様式、村のかたち、そういうものと、タロイモをつくっていることとが結びついている、そういうことなのだろうと思う。だから、そういう作物を栽培すること自体が生活の文化なのであって、他のものが導入されてくるとしても、そういう生活が基準になる、ということだ。

　耕すということを英語でカルチャーというわけだが、そのカルチャーという言葉を字引を引けば、文化というもう一つの意味もあるらしいが、このことをあまりしつこく言うのもどうかと思う。たとえば、文化人類学者たちが農耕文化ということを繰り返し言っているが、ただ歴史の学問としてだけ言っている、つまりそれは過去のものである、というふうな意味でだけ、この農耕文化ということを言っているとすると、また、ここで間違いが起きそうな気がするのである。そこには、もう今は文化というものは農耕の中からは出てこないんだ、文化というのは都会のセメントのビルの中からじゃないと出てこないんだ、という認識が非常に強くなっていると思うからである。この考えが強くなっている頭で、昔の何々農耕文化というふうに、いくら言ってみても、それは過去の死んだものとして言っているだけのことである。

しかし、ほんとうに文化というものはそういうものなのか、と言うことをいつも宿題にして、たえず考えていていいことだと思う。私も結論はだせない。結論はないのかもしれない。なにも、セメントのビルのほうの人と農業をやっている人たちとの間で、無理に文化の奪い合いをすることはないけれども、いずれにしろ、どちらかのほうにしか今や文化はないんだというようなことを言っていると、思い上がりが起こって瓦解してしまい、人類の中でも逆に立ち遅れた部分になってしまうと思うのである。農耕文化ということが何度もでてきたが、そういう意味からもこのことを念頭においていただきたいと思う。そして根栽農耕文化とか、何々農耕文化とか、そういうことを熱心に口にする人がいるからといって、その人間が農業をだいじに思っているとは限らないということも……。過去の死んだものを、喜んで研究対象にしているだけのばあいがあんがい多いからである。また、農家だからといって、「農耕こそ文化の源で、文化のすべてである」などと、なにもいっぺんに結論をだして、それだけを言ってみることもあんがいむなしいことかも知れない。ただ、農業的な文化というのは、何か非常に遅れていて、どうだこうだと攻めたてる人間が非常に多いことはたしかである。

ちょっと政治的な話になるが、アジアで、革命というか変革というか、社会主義社会をつくろうというときに一番大きな邪魔ものは何かといえば、これは、アジア的生産様式というものだと言われてきた。このアジア的生産様式とは何かというと、農耕文化を基礎に置いているということで、だから、アジアでは革命が起きにくいというわけである。なぜかというと、ヨーロッパの革命思想というものは工業社会の中で労働者が革命をすすめていく、そういう思想がずっと起きている。しかし、農民がたくさんいて、文化の主体が農耕だということは、革命については絶望的、「この連中がいるから世の中がよくならないんだ……」と思うようになったわけだ。ところが、最近は比較的そういうことを言わなくなってきた。どうしてか。中国で革命が進展しているからである。だいたい昭和三十年代ぐらいまでの日本の代表的な論議というのは、むしろ、アジアにおいて農耕文化が主体になっているのを、労働者が主体になる社会に変えるにはどうしたらいいか、というあんばいであった。

ところが中国みたいな、昔の文明はともかく、あちこちの植民地になって近代文明というものから言うと遅れているとみられた所が、あのようになって、そこから教えられてはじめて気がついた。周辺革命ではないけれども、工業的な所で革命が起きそうだ、起きそうだと思っても、起きそうだけれども、なかなか世の中は変わらないで、あんがい農業的な所で急激に世の中が変わっているのである。

したがって、どういう世の中がよいと思っているかはそれぞれ別として、農耕文化のもっている意味――そう大騒ぎして「農耕こそ大事だ！」などと幟を立ててどなってまわる必要はないだろうが、そういう農耕文化を死んだ過去のものとしていじくっていくのではなく、やはりアジアの農耕文化の主体であればあるほどにもっと大事にしてよいと思う。ヨーロッパなどが、今これに気づきはじめてきているようである。彼らもさんざん農耕というものを後退させてきたのであるが、大事にしていこうという傾向が出てきている。

日本の農耕

米以前を考える

さて、日本の農耕の歴史を考えてみようというわけだが、そのばあい、私はつねづね畑の農耕から考えていきたいと思っている。なぜそれを強調するのかといえば、最初にのべたことではあるが、ふつう日本の農業の歴史を考えるばあい、米つくりの歴史からはじまる。そして米つくりの農耕のあいまあいまに焼畑の話が出てきたりするのがふつうである。これは、昔から米つくりが柱になって農業がうごいている感じであるわけだから、割に自然に何の疑問もなく、すっきり入ってくる。

しかし、実際の歴史の過程からいって、われわれの祖先が農耕と言えるものをほんとうにいつはじめたか、ということはなかなかはっきり言えないわけだが、米つくりをはじめるずっと前から、農耕の文化を持っていた、ということは実は非常に大事なことだと思うのである。

実に驚くべき話ではあるが、このようなことがはっきり言えるようになったのは、わずか今から一〇年か一五年ほど前のことなのである。はっきり言えるようになったというのは何か、というと米をつくる前に、米以前の農耕の文化がわれわれ日本人にあったということである。

稲作の歴史の謎の部分

日本の学問——歴史学とか考古学とか、とくに考古学の学問の分野では昭和の第二次大戦が終わってなおかつしばらく、日本のわれわれの先祖の農耕の文化は稲作とともにはじまったのだ、というふうに言い続け、また信じ続けてきた。そしてその稲作がいつからはじまったかを調べてみると西暦の三〇〇〜四〇〇年といわれる。西暦の五〇〇〜六〇〇年になるともっとはっきりした耕作の証拠が出てきている。今から千数百年くらい前の話だということになる。ところがこの日本の国に人間がどこから来たのか、はじめからいたのかどうか、それはともかくとしてもほんのひとつだけコロっと出てきた人骨ということから言えば、二万年も前に日本には人間がいた、という跡がないわけではない。まして、今から二万年前であるから、今から数千年くらい前には確実に人がいたということが言える。

それから、例の卑弥呼とか邪馬台国というのは、単なる伝説や嘘ではないわけで、中国ではそのころすでにきちんと文字があって、日記みたいにして物を書いたりすることさえあった。日本人が書いた本はまだひとつもない時代なので、日本のいわば書かれた歴史以前というものは、ほとんど中国のものによる。その中国人が現実に日本の島にやって来て、そして見たり聞いたりしたことを書いたものとして「魏志倭人伝」というのがある。

この「魏志倭人伝」には見てきたままが書いてあるわけであるが、場所がどこかということが正確に書いてないので、いまだに論争が続けられている。北九州説とか大和の奈良の近くの説があったりする。北九州説というのは比較的強かったりするけれども、まだ他にいやあっちだ、こっちだといろいろ説がある。それはともかくとして事実をちゃんと見ている。とにかく、国が百幾つもあり、というのだから、各地に強者・豪族がいてひとつの国ぐらいの大きさの所を支配し、民衆を支配している。民衆はすべて農民であるから、それを支配して奴隷に使ったりしている姿がある。それらを的確に総括している卑弥呼という女の王様がいる、とこういうふうな、いってみれば事実を記録してきているわけである。

ところが日本の考古学が発掘したものからいくと、米をつくっていたという証拠がはっきり出てくるのは、邪馬台国より二〇〇～三〇〇年か三〇〇～四〇〇年あとになっている。そうするとそんな大きな国ができているのであるから、それよりもずっと前から支配者が起こり、支配者が定着しているということは、民衆が何らかの形で、つまり原始的に木の実を食い、けだものを追っているという暮らしではない、もう少し定着した暮らしをはじめているということになるだろう。

支配者というものは大きく支配するばあいでも、あるいは郡のようなひとつの地方を支配するばあいでもただ強ければ権力ができるというわけではなく、その支配者がいばって命令すれば穀物か何か物を取りたてることができる、あるいは自分の農場があれば働きにこいと命令してそこで働かせる、ということである。そしてそれが可能となるのは、取りあげられる村の人たちが、それを取りあげられても生きていくことができるだけの物をつくっているということがあるからなのである。もしその取りあげによって皆が飢えて死んでしまうのであったら、次の年、取りあげることはできないからその権力は成立しない。そういう意味で権力が成立するということは、ある程度の、広くいえば生産力というか、何らかの意味での生産をしていたと考えられるわけだ。つかまえた鳥やイノシシを献上しろというばあいもあるだろう。しかし、イノシシというのは、ただつかまえて、取っくみあいで組み伏せるということになると非常に大変なわけで、やはり武器があるていど発達していたと考えてよいだろう。棒だけではだめで、棒の先に石の矢尻をつけるとか、あるいは鉄製のものをつけるとかいうことがある。つまりそういうふうに多少の道具も発達してくるとかいろいろあって、支配者は自分が何もしなくても、また自分なり自分の家族、若干の家来などがいばっていても食わせることができるだけ、そして民衆は、自分たちがぎりぎり生きていくに必要なものプラス若干の物を、何らかの形で生産できるようになってきたということなわけである。それがなければ卑弥呼だって周囲に千人だか二千人の女を従えられるはずはない。千人、二千人というのはたぶん誇張された数だろうが、とにかくたくさん従えていたということだ。ついでだが、百の国を卑弥呼が従えていたというが、これもきちんと数えて百あったということかどうかは疑問で、要するにたくさんあったということなのであるう。中国という国は、物事をたいへん大げさに言うところで〝白髪三千丈〟などというように、よく百とか千とか万とかをつけて表現するところである。

それにしても、ただ竪穴住居でほそぼそとやって木の実を採って暮らしていたというような状態から、もうひとつ進んだ状態を考えることができるはずである。にもかかわらず米をつくっていなかったということになると、じゃあ何をつくっていたのかということになるわけだ。

籾殻とイモの皮

日本の農耕は米からはじまった、とどの本をみても書いてあるのは、証拠が米しかないということなのである。

ご承知のように、古代の遺跡から出てくる土器、その陰から籾殻の燃えかすが出てきた、これは今から何年前のものだ、とこういうふうに言われる。あるいは籾の圧痕ということがよく言われる。何かの拍子に焼いたものやそういうものに籾の形が残っている。そういうことで、それはいつの時代だと調べてゆく。こうしてずっとやってきたが、米以外のものが出てこないというわけである。これは私の推測なのだが、米以外のものが出てこないということは、証拠として米以外のものが出てこないということにすぎないのではないか。そして、なぜ米が盛んに出てくるかというと、やはり籾殻の強靱さにその秘密があると思うわけである。

籾殻というのは、今でも処理に困るほどに強靱である。捨て場に困ったりして、燃やしてみたりプレスして放棄してみたりいろいろなことをやるが、とにかく籾殻というのは、ライスセンター方式になると、ことさらに山積みとなって悩みの種となる。それから籾殻を燻炭すれば、ふつうの籾とちがってしっかりとした籾殻の炭になる。こうした籾殻独特の非常な強靱さというものがあって、それで長いこと残るわけである。中国でも籾殻の圧痕が出てくるのは今から二五〇〇年前という。これが実は中国で発見されているのではいちばん古いと言われている。二五〇〇年前というと、これまたどえらく大昔の話で、日本で籾殻が出てきたり、籾の跡が出てきている千年もさらに昔の話だ。

ところで今若手の研究者が研究して少しずつ明らかにしてきているところでは、今でいうサトイモ、南方系のサトイモが、稲作より先に栽培されていたという問題を提起している。考古学の世界というものは、非常に保守的・封建的なところで、過去の説をくつがえすような新しい説を出すと学会から除名される、あるいは大学では先生にはなれないなど、これはものすごい。学問の世界には多かれ少なかれそういうものがあるわけだが、考古学ではとくに強烈だ。しかも一般に考古学というのは、日本の国の歴史は天皇家の歴史とともにある、という戦前の歴史のとらえ方、考え方にぴったり裏打ちする形でもって進んできたというのが主要な傾向である。歴史学の潮流にもあてはまるばあいがあるが、日本を豊葦原瑞穂の国といって日本はお米の国である、お米が神事、天皇の朝廷を中心にしたいろいろな行事というのは、稲で始まる、すべてこれ稲とともにあり、といったぐあいに、「古事記」

以来の考え方なのである。この認識が考古学などによって裏づけられてきたわけであるから、その考古学に疑問を持つというのは一種の反逆罪になるくらいに恐ろしいことであったのである。

それが戦後にもずっとあったのだが、昭和三十年代になってやっと考古学の世界にも自由があっていいはずだということで若手の人びとが疑問を持ちいろいろな研究をはじめた。南方に出かけていってイモつくりやそのいろいろな行事を見てきたりして、日本の焼畑農業の研究と結びつけてやっている。まだ他にもヒエとかアワとかいろんな可能性がありうるわけだが、残念ながら、籾殻のようにしっかり残る性質のものがない。イモの皮なんて吹けば飛ぶか腐ってしまうか、あるいは燃えたら何処かへ消えてしまうようなものであるから、証拠としてなかなか残らない。したがって、何があるのかということについては、確信をもって言うことはむずかしいと思う。しかし、サトイモの文化があったということは、それと前後して、やはりヒエ、アワ、そういったものもあった、サトイモだけというこことは多分ないだろうと思う。ヒエ、アワとか、そういう穀類もヤマイモなどと前後して入ってきたということも、言えると思う。今そういうことをどうやって確かめることができるか、というわけである。

花粉に期待する

その方法として最近、花粉がひとつの手がかりになることがわかった。電子顕微鏡で花粉を見るのである。花粉でそんなことがわかるのかということだが、花粉というのはおもしろい性質を持っているそうである。私も知らなかったが、花粉というものは飛んできて雄しべから離れて雌しべに着いてそこで生殖がはじまる。花粉によってちがってくるのだが、その花粉の生命というものは三時間とか二時間とか、短いのになると何分というようなもので、長くても何時間というところらしい。そしてだめになってしまう。だから授粉の時間というのは朝の何時間の間だというものらしい。こういうことは農家の皆さんのほうがよく知っておられることだが……。ところが、花粉というものは、生命のある間は非常に軟らかくて、微妙でデリケートなものらしい。潰れてすぐ消えてしまう性質のもののようである。ところでこの死んでしまった花粉だが、死ぬとものすごく強くなるというのである。その強さたるや相当な圧力を加えてもくだけもしないで残る。これが何かの事情で化石になる。化石ができるにはそれなりの条件がある。泥の間にはさまった粘土みたいなところに入って上から圧力がかかるとか、そして圧力がかかったまま何百年とか何千年とか経つとカチカチになってしまい、中の物はすっかり消えてしまうが開けてみるとそこにはっきり型が残るということらしい。それだけの強力なプレッシャーがかかってもくずれない。そのことが最近やっとわかってきた。戦前にも花粉の研究というのはずいぶんあったらしいが、戦後これが進んだのは、花粉の形を見ることのできる電子顕微鏡ができたということかららしい。今のところ、この時代に何が植物としてあったかということをはっきり確かめるいちばん重要な手がかりは花粉になっているらしい。だからもう少しするともっといろいろなことがわかってくると思う。花粉の化石が割にたくさん出てくるのは湖の下であったりする。昔そこに人間が住んでいたというような場所に、何かの事情で水が流れ込んだため人間の生活に関係ある化石が湖の底に残ったりすることがある。これは水圧で化石ができるらしい。それから土の層が、地震かなにかでいろいろ変わったときにできるとか、そういう偶然的な事情ができないとまず残らないらしい。

余談になるが、私がこういうことを調べていたら、『花粉は語る』（岩波新書）という本があった。それによると、台湾のある沼のようなところの底を掘ると、下のほうから非常に細かい花粉の化石が採取できるそうである。世の中恐ろしいもので、七万年前に何が生えていたかということがわかる。こんなにわかってよいものだろうか、と思うくらいである。これは栽培していたかどうかということとは別だが、台湾のその例でみると、七万年くらい前に、イネ科の花粉、キク類、木ではシダ類——シダ類は多かったらしい——、それからケヤキ、——ケヤキは五万年くらい前——、それからマツ属なども あったということになる。日本ではまだそういうことをやっていないし、発掘すればすぐに出てくるとも限らないわけで、つまり化石になって残るような状態になっていないといけないということがあるのでなかなかむずかしいが、だんだんわかってくると思う。

しかし、たとえ米が入っていなかったとしても、日本のわれわれの先祖は、その前から焼畑、それから焼畑にはじまっていろいろな農耕の文化が行なわれていて、民衆はほとんどの地域で農耕をはじめたというような考え方がずっと強くなっているし、私もそう思うのである。むしろ、そういう土台のあったところで農耕生活がもうずっとはじまっていて――つまりイモとかヒエとかアワとかの農耕生活、ただし麦類はあまりなかったと見られているが――、そういう農耕の生活が稲作の以前にあって、そこに何らかの形で米が入ってくる、と考えるのが自然だと思うのである。

そこで、どうしても米つくりの歴史――稲作――というものが日本へどのようにして入ってきたのか、ということを考えてみたいのである。

持ち込まれた田植え稲作

直播から移植稲作へ

今までの常識では、日本の農耕は稲作からはじまり、はじめから移植稲作であったと言われている。記録でもわかるところではだいたい紀元前三〇〇年あたりと言われているが、これがどういう経路できたかについてはいろいろな説がある。有力な説では朝鮮経由である。朝鮮には非常に発達した稲作があって、日本でも最も古い稲作の道具（たとえば穂を刈る道具など）と朝鮮で使われていたものとは形が非常に似ている。そういうことで、どうも朝鮮からこちらに移ってきたのではないかという説が有力になっている。だが南方から直接九州とかどことかに上がってきたという説もあるから断定はしかねるが、しかし、だいたい一致していることは移植稲作の原型は中国で、そこででき上がったものが日本に入ってきたということである。

中国に揚子江という有名な川が流れている。それから黄河がある。揚子江は中国を考えるときにとても大事な基準の一つで、これが流れている所は、日本の気候条件と非常に似ている。大陸であるから雨の降り方なりはちがうが、一年間通しての雨量や気温はかなり近いらしい。そういうこともあって、このへんの稲作がどうであったかというのは興味深いところである。

今までの研究では、米というものは、直播という姿で東南アジアから中国の南にまず上陸するというふうに言われている。もちろん紀元前一〇〇〇年とか二〇〇〇年とかいう頃の話だと思う。東南アジアでは直播という形で湿地帯に広がったことはほぼ確かなことで、水が膝位から腰位まであるような所へ籾をぱらぱらと播いておく。乱暴な話だが、それから穂が出たものを上からつみ取る。穂首刈りをやる。この穂をつみ取る道具は櫛みたいな形をしたもので、日本でもあちこちから発掘されている。この穂首刈りというのは田植えをする稲作でもはじめのうちは行なわれていたようである。

中国で稲を帝に納めるのに、穂首で納める納め方があった。「頴何貫上納」というように、穂ごと何貫目納めるというような時代もあったらしい。そしてその穂首を叩いたり、穂首を積みあげて火をつけ上手に燻らせて燃やして、燃えあがったやつを叩いて、籾殻の燻炭のようなものを風で吹き飛ばして中の玄米を取るという。こういう形で残った玄米は、一種の燻製、燻されているわけだ。煙で燻されているために少し黄色みを帯びた玄米ができる。日本でも穂首刈りは、ずいぶんやったらしい。穂首で刈るとわらが残る。そこで後にはそのわらを鋤き込むようになる。そして、わらをわら製品として使う方向が出てくると根のほうから刈っていくということになるらしい。

こうして中国南部に上陸した稲がしだいに北上をはじめる。米というのは非常によいきれいな穀物だということでのことだろうが、しだいに北にのぼってゆく。しかし、その過程で気温が下がってきて北進がストップされる。なかなか北のほうに進んでいかない。これを打ち破って北に進ませたのが移植である。だいたい中央部にあたる揚子江あたりにのぼってくると、そこから北はもう移植しかない。そのへんで田植えの稲作が工夫されるようになったと想定されている。

日本の今までの農業史ではきちんとした研究でも、日本の稲作は移植稲作からはじまっている、ということになっている。ところが、中国では、直播から田植えに移ってゆくのに非常に長い時間がかかっている。それは一〇〇年を単位にしたものであろう。一〇〇年とか二〇〇年とかもっとかも知れない。つまり、移植・田植え稲作とはいうが、これは非常に大きな工夫の結果だと思うのである。ただ直播より移植がいいなあということではなくて、移植をしなければ植えられない条件の所で米をつくるにはどうしたらいいかということで田植えという方式を考え出したのだと思う。けっきょく、植えられないのは何故かと言えば、春がくるのが遅くて、そして秋のくるのが早いといった気候との闘いがあったからであろう。東南アジアから江南くらいまでは気楽に種を播きさえすれば芽が出てくるだろうが、揚子江のある華中からだんだん北にのぼってくると、春がきてから播けばすぐに秋がきて寒くなる。花のうちにもう秋がきて寒くなるから稔らない。こういうわけである。そこで春というか夏というか、要するに播いて自然に水の中から芽が出てくるというような、その時期を何とかして早くしなければいけない。ということから日溜りの割と暖かい所、今で言えば苗床、苗代田にあたる所に種を播いてまず苗を生長させる。そして本田のほうは気候が暖かくなったらいっせいにその苗を植えていくというように田植えみたいなことがはじまったのであろう。

中国での田植えの歴史は、はっきりはしないが非常に古いものであるらしい。それから理論的には当時の品種というか、南方から入ってきた品種を植えていたとすると田植えでなければつくれない。そういうところから紀元前二〇〇〇年の稲の跡がでてくるというようなことになるのである。この紀元前の二〇〇〇年くらいでは量的にそう普及したという証明はないらしい。

しかし、そういう南方系の作物を気候の悪いしかも水の中に育てようというのであるから、その条件の悪さと闘いながら華中の人たちが田植え稲作をつくりだしたのだという見方があるわけである。もっともこれにも反論はある。東南アジアの山間部では古くから苗床をつくっていろいろな苗を移植していたという歴史がある。だから、田植えも東南アジアですでに行なわれていたのではないかという説が出ている。

ともかく、今までの研究から考えても稲作が東南アジアから中国にのぼっていって、中国の支配者が米というものを早くから重要視していて、この支配者ができるだけ北のほうにも稲をつくらせようとして進めてきたということ、これは水田をつくってきた歴史から考えても概ね信じてよいことではないかと思う。

田植え稲作と湛水灌漑

中国の華南の平野部にはふつうでも水が溜っている状態のところがけっこう多い。少し雨が降って溜るというような湿地的な所で、水牛が自然に育っているような直播にむいている所である。ところが華中のほうまでくると、そういう場所は非常に限られている。したがって、人工的に灌漑するというこ とがひとつ必要になってくるわけである。

移植稲作で田んぼをつくるということは、田植えのできるような田んぼをつくらなくてはいけないということだ。やたら田が深ければ田植えはできないわけだから、田植えのできるような浅い水で、平坦な所を囲って田んぼをつくるようになっていく。こうなるとこれはもう人工的に灌漑をすることになるわけである。いわゆる湛水灌漑というやつである。湛水灌漑をするには、傾斜を切ってまず平らにするとか、水を引いてくるという田んぼつくりのいろいろな作業が必要になってくる。

とにかく、降った雨だけでは米はつくれないということははっきりしている。南方と同じような条件をどうやったらつくれるかということになる。そこで治水と水利事業というものが必要になってくるわけである。米をつくりたいと思っているこの田にどうやると水を引いてくることができるか。高低の落差を見ながら設計をして水を引いてくる。川か溜池の利用である。これはあたりまえのことのように思えるが、水を引くということはたいへんなことなのである。水は高い所から低い所にしか流れてこない。

農家の皆さんは土地改良などで苦労しているのでよくわかると思うが、だいたい田んぼをつくろうとしてもそこに水があるわけではない。たとえ近くに川が流れていたとしてもポンプで汲みあげるならともかく、ふつうの地形では水源はずっと上手になっている。近くの川には排水するかも知れないが、水を引いてくるのはずっと上手の別の川になっている。水というのはそのようにしてようやく引けるわけである。

河川灌漑ではずいぶん近いところに水源があるようでも、そこから水を引くことは非常にむずかしい。少し大きい川をみるとわかるようにいろいろな大工事がともなうからだ。川の中に一種の霞堤をつくって水の流れを弱め氾濫を防ぐとか、堰をつくってあるていど水位を上げるとかしなければならない。

しかし、昔の人はずいぶん頭がよかったものだと思う。ずうっと何カ村も向こうから水を引いてきて、その引いてきた水位が田んぼまできたときには、その近くの川よりも高い水位でなくてはならない。川というのは急に流れているわけでなく、非常になだらかなものである。なのに何カ村も向こうから引いてきた水がここにきてなぜ高くなるか。それは川のわずかな勾配よりもさらにわずかな勾配を水路につけるからである。そういうことを何か測量のメガネをのぞいてやったわけではない。水路の途中途中に堰をつくればいい。堰をつくれば自分のほしい水位がつくれる。取入口の水位の高さは板の加減でどうにでもなるわけである。

よく中国は治水の進んだ国だといわれる。治水というと堤防をつくって水があふれないようにするということだけを考えがちだが、水を治めるということと、水を利用するということとの両方あるわけだ。土手をつくるというだけなら、土や石を積みあげればいいようなものだが、水を必要な所まで引いてくるということになると、落差の計算からはじめなければならない。土を掘るとか、途中に石があるばあいに岩盤なら岩盤を砕いていくとかいう、田んぼをつくるためだけというよりそれ以前の非常にすぐれた土木工事の技術や道具を中国はもっていた。日本でも大和朝廷の時代から治水事業がはじまるが、これは全部といってよいほど中国から入ってきた治水・鉱山技術といわれる。中国というのはたいへんな国で、こういういろいろな技術が組み合わさって、田植え稲作というものができあがっている。それには、あらゆる知恵の総動員と、それに組み合わせてのたいへんな年月を要しているはずである。

田んぼと民衆の関係にみる人間支配の歴史

この中国の田植え稲作という驚くべき米つくりの方法が、朝鮮に伝わっていったと言われている。華中から朝鮮に伝わっていったわけで、朝鮮には中国に学んだと思われる田植えの技術がある。これが朝鮮で消化され、朝鮮の田植え稲作技術になり、日本に入ってくる。どうもこの見方が一番自然なような感じがする。中国と日本の交流がなかったわけではなく、お坊さんの交流だとか、変わった貴重品の進呈だとか、あるいは若干の文化的な交流があったようだが、もっと技術的な交流を日本は朝鮮との間に持っていたわけである。朝鮮に攻めて行って奴隷みたいにして連れてきたことも考えられるし、古代の話では朝鮮に日本の小さな植民地みたいなものをつくったこともある。これはやがて廃止されるが、そういうことが過去にあったから、豊臣秀吉なんかがまた朝鮮征伐ということで出兵したわけだ。それはひとつは朝鮮の農業とか鉱業とかの非常に優れた技術を何とかしてものにしなければということもあったようである。

中国の技術がどうして朝鮮に移ってきたかということについては、いろいろあることはある。たとえば、そもそも朝鮮人は何処からきたのかということになると、いろいろ推測されていて蒙古のほうに非常に戦争に強い強力な匈奴と言われている種族がいて、これは文化とか技術に非常に深い興味を持つ性質があり、自分自身ではつくり出す力はあまりないが、人がよいことをしているとそこへすぐ戦争をしかけて攻めていって技術者を奴隷にして連れてきたり、物を持って帰ってきて、自分の物にするということで、まことに高い文化水準に到達していた。一説には、仁徳天皇は匈奴が日本に渡ってきて、朝廷がはじまったのではないかなどということを一所懸命考えている、まことに楽しい歴史評論家がいたりする。それはそれなりにその人が調べているわけであるが、日本というのは外国の文化をとっても上手に使うという点ではまことに似ている面があるから、そういうこともあるかも知れない。ともかくその匈奴が朝鮮を支配して、中国から奪いとった文化を朝鮮に持ち込んでいる、というように、いろいろおもしろい話がある。ともかくこうやってそれがやがて日本に伝わってくるわけである。

ところでこの伝わってくるということだが、私はただ漫然と伝わってきたというようなことではないと思う。そうではなくて、このばあいはっきり言えると思うのだが、日本の水田稲作は日本の権力者が持ち込んできたものだということである。

徭役で開田――支配の基盤としての水田

日本で国家権力がいちばんはっきりできたところ、つまり奈良県の盆地に実に壮大な、大規模な田んぼが非常に古い時代につくられている。水田地帯ができているわけである。

田んぼをつくる作業というのは、たぶん村仕事というか共同体の共同の仕事としてみんなで土を切ってこれを運ぶという形がひとつ想定される。しかしその奈良盆地の水田地帯の水田をつくってきた歴史の研究（たとえば古島敏雄『土地に刻まれた歴史』岩波新書）をみていくと、これはそこの村に住んでいる人たちが自分たちの田畑を村仕事でつくるというようなそんな生やさしいものではない。どこから集めてきたのか、とにかく何千という民衆を連れてきてその労働力で山を大きく切って、切った土を下にならしていく。そうすると大きい平野部ができる。大きいといっても奈良の盆地は段々になっているので、今日の大型の基盤整備ほどではないわけで、今の認識からすれば大きいとはいえないだろうが、当時の土木技術、あるいは集落の大きさからいえば、とてもそれは一つや二つの村が力を合わせてできるというようなものではない。その労働力からいっても動かす土の量からいっても一種の自然改造のようなことが行なわれている。

ここで日本になぜこういう発想がいきなり出てきたのか、という疑問がうまれる。

これは中国にその原型があると私は思っている。山を切り水を溜める、要するに造田技術の原型である。農耕している民衆が自分で米というのはうまいものだ、何とかして田んぼをつくろうというふうにして田んぼができたというよりは——ごく一部にはそれがあったかも知れないが——村仕事として何ヵ村か合わせて水路をつくるということになればやはりそれは強力な権力者が号令をかけてやらなければできない仕事である。これは何十ヵ村の農民を集める、あるいは遠くよそからも連れてきたかも知れない。そういう労働力をかき集めるのは、戦争に行くのと同じで、家族と永久の別れを告げてこなければならない関係であったろうと思う。

貴族や豪族が連合してこの田んぼつくりをやったかということになると、なかなかそこまで考えるのはむずかしいが、中央では朝廷がすすめる。これは土木工事の形跡があるから明らかである。これが最初の田んぼつくりかどうかはわからないが、日本の田んぼつくりの原型と思うわけである。

そして、地方では豪族というかそこの山賊のようなものがその地方を支配し一種の領主になって、各地で村の民衆を使って自分の田んぼをどんどん村々につくっていく。そしてできた米を租税として運ばせるようになるわけだ。

およそこのような過程で日本の水田は急速に広がっていったらしい。しかし朝廷の支配の範囲というのはそれほど強い圧力はなくて、全国的に支配するといっても、実は、朝廷の所在が少しずつ移動しており、直接支配して物を取りたてる範囲は、奈良、大阪あたりを中心に東は三重か岐阜県くらいの所までであったようだ。西のほうは瀬戸内海沿岸を全面的に支配していたらしい。

そこから先の地方は、その地方の豪族に支配を任せるということになる。任せられた代わりに朝廷には反抗しない。朝廷に忠誠を誓う。これははじめから誓うわけではなく、大和の朝廷と戦争をやって敗れた結果として従うということである。そして、朝廷からおまえはこの地方を支配してもよろしいという権利をあたえられ、民衆に田んぼをつくらせ租税を取りたて、労役を取りたてる。それを大和の朝廷が支配するというぐあいである。

そういう地方の豪族、あるいは貴族というのはどういうふうにできたのかというと、もともと大和政権も戦争によってほかの地域を支配し、互いに権力を広げようと思って戦っている中でいちばん強い力を最終的に勝ちえてつくり上げた権力、それが大和朝廷ということになるわけである。

民衆と稲作

そこで民衆はどうやって暮らしているかというと、これは決め手になる証拠はないが、もともとが山を開いた畑というものがあって、そこにヒエ、アワ、イモ類をつくって衣食住をまかなっている。田んぼというものは畑の一部分のばあいもあるだろうし、それから少し下の湿地のあたりを少し囲って田んぼにしようということもある。米は取れれば半分とか、三分の一とかを持っていかれることになっている。ものの本を見ると、取れたうちの三分の二くらいが租として持って行かれることになっているが、これはもっと調べたほうがいい。というのは、朝廷・天皇の所に納めなければならないのが三分の一で、後はそこを支配している豪族や郡を支配している役人がやってきて持っていくわけであるから、農民にはほとんど残らないと見たほうがいい。農民自身が自分で食べる米は、当時まったくなかったといってよいだろう。

それから米の取れ高自体が非常に低いという問題がある。朝廷や貴族の田んぼより非常に低い。なぜかというと民衆は朝廷や貴族の田んぼへ行って働かなければならないからである。「俺の所の田植えをしろ」ということで、そっちの田植えをしている間に、田植えの適期がずれてしまう。あるいは収穫期になって、さて収穫しようかというと、また命令がきて、朝廷の田んぼ、貴族の田んぼ、役人の田んぼへ行かなければならないということで収穫は少なくなる。こういう官僚機構というのは古代から実に典型的にできている。非常に支配者の層が重なっているわけである。

たとえば、大和朝廷といった権力ができると、戦争に功績のあった連中に一定の地位、いわゆる官位をあたえる。いってみればその上のほうが貴族である。そしてこの貴族の位の高いものには位田といって田んぼをその位の高さに応じてあたえる。あるいは戦争ばかりではないが、主として戦争で功労があったものには功田をあたえる、といったように、貴族的な肩書きといっしょに田んぼをくれる。こうして貴族がそれぞれ自分の田んぼを持っているわけで、農民はその田んぼに働きに行かなければならない。しかも田んぼをあたえるといっても、その田んぼは民衆のつくっている田んぼでそれを勝手にあたえるというのだからひどいものである。あたえる朝廷が耕しているわけでない。そして、田んぼをあたえるということは、そこに住んでいる民衆も事実上彼の隷属下におかれ、一年のうち何十日、いや何カ月かはその貴族の田んぼで働くことを義務づけられるわけだ。昔の源氏物語などに出てくる貴族が優雅に遊んで生きていられるのも、こういう田と民衆を持っていたからである。

こういう連中がたくさんいる。位田、功田そして職田《しきでん》といって朝廷がお前は馬具をつくれ、といって奴隷みたいな家来を使って馬具をつくる技術者みたいなものに田をあたえる。これはふつうの職人ではなく、かなりの地位をあたえられている連中である。とにかくいろいろな形で田んぼをあたえていくのである。時代的には聖徳太子の頃である。

その取りたてがひどい。租庸調という、民衆が納めなければならない制度がある。この「租」の「禾」は稲という読み方があるが、中国では必ずしもそうは読まない。もう少し広く穀物を含めているようだが、日本では租の主流は米である。これは大和朝廷の頃からのようだ。庸というのは労働、労役。調はいろいろで固定していない。こうして三種類にわたって取りたてられるわけだ。租でもって米を納め、庸でもって働きに行く。今度は俺ん所へこい、次は俺ん所だと、貴族や役人の所へ行くわけである。だから自分の田は全然つくれないから、租がろくに納められなくなる。そこで怒ったのが天皇である。肝心の朝廷に税が入らなくなる。それで、ひとつの家から庸役を余計に取るなという御触れが出る。その制限が一年間に実に二〇〇日という。二〇〇日以上取ってはいけないというわけだから、それまではもっと取っていたということだ。

家族にどれだけの働き手がいるかはともかくとして、一年じゅう米がつくれるわけではないし、適期というのはほんのわずかで、そのいちばん大事な時期をほとんどもっていかれていたということである。したがって租税を納めろといっても、もう全部はたいて種籾まで持っていっても足りないようなことになってしまうわけである。

その租税を納めるばあい場所によってさまざまだが、大和の朝廷に運んでいくのに馬がない。貴族たちは持っているが、農民は持っていない。大八車などというのもない。背中に背負ったりして、何日もかかって運んでいくわけだが、とにかく任務を果たして自分の米、租を納めた帰りに飢えてとうとう野垂れ死にをしてしまう。そういうことが山上憶良の詩の中に出てくる。

ふつう日本人は田んぼつくり、米つくりについては非常に優雅な印象を持っている。万葉集などに田んぼに稲が生えている様とか、そういうものを背景にした恋歌が多い。それを見ているだけで、日本の米つくりは美しく素晴らしいなあ、ということなのだろう。確かに稲の田に映えている情景は美しいし、ロマンチックである。それ自体はすごく美しいにちがいないのだが、現実の民衆と田んぼとのかかわりということになると、ロマンチックだなどといってはいられない。これは、民衆にしても、自分たちがある意味ではそれだけ苦労してつくってできた田んぼは、いうなれば人間として嬉しいということであるにしても、われわれの祖先、農民と米との関わりというものが、どのような形ではじまったのかをきちんと押さえておくことは非常に重要だと思うのである。

徳川時代でさえ、米は租税として納めるためのもので、〝百姓が食するものは畑にてつくるものなり〟というように書かれている文章がある。したがって、それよりずっと前の時代においては、米というものは租税の対象として支配者が圧倒的な地位を築き、富を蓄積していくうえでの最大の武器だったということなのである。

今でも日本人と米は切っても切り離せないものだ、と言われる。しかし、そのばあい、米を食べるという意味での切っても切れない縁だということであれば、つくっていた民衆の大部分はその日本人からはずれるわけである。つまり、ただ切っても切れない縁と言ってもいいのは、つくるという立場での大部分の日本人、民衆は、確かに日本の古代から必死になって米をつくりつづけてきている、という点である。しかしつくりはするが、それを自分たちの生活の支えにはできないという、まことに奇妙なものとして日本の農耕における稲作の歴史がはじまるわけである。

米をつくらせ、米を集めるということがいちばん大事である、ということを中国とか朝鮮を通じて日本の権力者が認識し、いきなり米に飛びついていったという感じがするのである。だから直播から苦労して、田植え稲作ができていくのではなくて、できあがった技術をそっくり持ち込んできて民衆へ押し付けていく。

司馬遼太郎氏が『街道を行く』の中で、南部藩の岩手から青森にかけて歩いたり過去の歴史をふり返って、このあたりの農家、民衆が、この南方原産の米をつくっていくことを義務とさせられ、とにかくつくれるところまで持っていくのにどれほど苦労したか、もしあの強制がなければ東北の農業はまったく違うものになっていたのではないだろうか、というようなことをさらりと言ってのけている。そのばあい、彼が違うものというのは、むしろ南部のあたりの民衆が選んだであろう道は、放牧と山林という形、牧畜と山林で豊かな方向にいったのではないかということを考えている。私はその見方が当たっているかどうかは別として、日本のそういうものを書いたり言ったりする学者が少ない中で、彼がそういう発想をもつということは意外だった。というよりも、ほとんどの人が日本人は昔から米をつくっていたということは当たり前というふうに思っていたことに疑問を投げかけたというのは、実は小説家としてもたいへんな人だと思ったものである。

畑の延長線上に田んぼをみる

私は、現在の田とか畑の状態、あるいは田んぼのもっている意味（今はとれた米を権力者に大方もっていかれるというようなこともなくなっている、という状態）のなかからそのまま過去を相似形のようにみていこうとする傾向にはつねづね疑問を持っている。今ある田んぼをどうみるかということの前に、祖先の農業、畑のなかで何をやってきたのかということがすっかり忘れ去られようとするからである。

考えてみると、古代から徳川時代と、自らの糧の生産場所である畑で物をつくる技術というものが、時代を越えた農民のものの考え方の基本の一つになっている。領主のほうからみると田んぼのほうが大事なのであって、農民も一所懸命田んぼを大事にはする。しかし、田んぼでの稲のつくり方についての物の考え方というのは、畑での体験を田んぼのなかで生かしていく、畑の延長の上において田んぼをみている、そういうところで農耕がつくられてきたという感じがするわけである。

なぜそういうことをいうか。たとえば田んぼに肥料を入れる、その肥料は畑から出ている。畑が前提になっているのである。畑でヒエ、アワをつくり、サトイモをつくりその他の作物をつくる、そういうものの稈とか殻を田んぼのなかに鋤き込む。あるいは山から草を刈ってきて、その草を畑のなかに敷き込む。今では畑に草を敷き込むというと無理なやり方のように考えられるかも知れない。ヨーロッパのように深く掘って入れるところまでいっていなかったようだから、草の効果はすぐに効いてくるのではなく、翌年ぐらいに効いてくるという性質のものだったかも知れない。しかし草を敷き込むということについて日本の祖先の農業ではずいぶん苦労してきたようである。そういう一種の施肥法というか土地を肥やす方法――刈敷農法という山から刈ってきたものを敷き込む――はヒエやアワやその他の作物の稈や殻を敷き込むと作物がよく出来るということに気づき、今度はそれならばということで山から草を刈ってきて入れるということを考えるようになる。これがどれくらい以前からはじまっていたかということになると、実は見当がつかない。

日本でも焼畑の時代がずいぶん長く、しだいに常時畑にしておくやり方になっていく。その切り替えていく時期は昭和になっても焼畑があるわけだから、焼畑がいっせいに全部なくなってふつうの耕作の畑になったというような切り替えはなくて、漸次、焼畑でない常設的な畑がつくられてきたというふうに解釈していいと思う。その際、常設的な畑といってもヨーロッパ風の家畜の放牧的なことを日本で考えるのは無理なわけで、やはり刈敷がかなり早くから畑で行なわれ、そこにイモの芽をさす、という形で土地を肥やすことが行なわれてきたと見ていいと思う。

そして、そういうわずかな肥料分だけでも、いろいろな作物を混播的に播く——といっても意識していろいろな種《たね》を混ぜて播くというのではなく、種を別々に分けて播くと考える前にいっしょに播いてしまう——というようなこともやられていたらしい。種を意識的に混播するというようなことは徳川時代になるともうはっきりどの種とどの種を混ぜていっしょに播きなさい、というような発想、整理された方法として出てくるようであるが、昔の混播というのはあまり理屈なしにやってきた混播だったようだ。これも具体的な方法などは何も書き残された記録はないので正確なことはわからない。土地を肥やすということでわれわれが頼りにし、手がかりにしうることができるのは、この刈敷の農法でやってきたということである。この農法が主だった時代は、人糞尿はまだ使っていない。

ただおもしろいことに、ふつうの農家が刈敷の農耕をやっているときに、大和や京都の貴族などの直営地では馬の糞を田んぼや畑に入れている。牛もいたであろう。馬車を引かせたり戦争をするための馬がたくさんいるわけで、その糞を田畑に入れて肥料にする、こういう知恵も朝鮮から教わってきたらしい。

ところで、そういう役畜を飼うということはふつうの農家にはなかなか普及していないから、農家は家畜の糞というものを見ることがあまりない。ところが朝廷や貴族の田んぼでは馬の糞を入れている。その朝廷や貴族の田畑を耕すのはふつうの農家、一般の民衆であるわけだからそこでちょっとおかしな現象が起こる。朝廷や貴族の田畑に行ってこういうふうにやれといわれるのは、馬糞や牛糞を田畑に入れろということなのである。ふだんは自分たちが使っていない馬とか牛に引かせる犂というものも朝鮮から入ってきている。それから家畜の糞を入れるということが、少なくとも知識としてはあるていど村の人びとに入ってくる。しかし、知識として入ってきても一般の民衆には家畜はいない。やがて家畜が入ってくるようになると家畜の糞などをあるていど使うようになる。しかしそれは非常に少ない頭数でヨーロッパのように食べるために家畜を飼うわけではないから、せいぜい一頭、多くても二頭くらいしか飼わない。量的にはほんのわずかなものかも知れないが、家畜を飼うようになってぼつぼつその糞を入れるようになってくるのである。

中位の農家ならどこでも馬を持っているというようになるのは徳川時代になってからであろう。徳川時代の中期になると、馬を飼うことの奨励文書のようなものがある。馬を飼うと耕すのに便利であるし、土地が肥えるから飼いなさい、とそういうものが出てくる。牛もいっしょだったと思うが、そういう奨励がされるようになってくるわけだ。馬は軍事的にも重要な手段であるから、そういう意味も含めて農民に飼わせたという認識もくっついていたとは思うが、それはずうっとあとになってのことである。

班田収授の制とその崩壊

このように畑作の農耕につけ加わってきた稲作というものは、ひとつの村で自分たちで多少やるようになっていたかも知れないが、大きな規模でつくられた田んぼというのは、ほとんどが集団的に朝廷や貴族や土豪、領主たちが労働力をかき集めてつくらせたものである。こうしてつくられたその田んぼを分けあたえるというのである。もともと農民が自分たちでつくった田んぼなのだから、分けあたえるというのもおかしな話だが、山も含めて土地は全部朝廷のものだという宣言をする。そして、勝手だといえば勝手だが、おもしろい考え方で、田んぼを人間一人一人に生きている間あずけるわけである。

徳川時代にも田んぼや畑はあたえられているという形をとる。しかしこの古代の朝廷の役で少しちがうのは、生まれるとあたえて、死ぬと取りあげるのである。これを班田収授という。班というのは田んぼを区分けするということ。その区分けした田んぼを収めたり授けたりする。死ねば収める。生まれればくれるのだから、かまわないといえばかまわないようなものであるが、考えてみればおかしなことを考えたものである。この制度も中国からきている。ほとんど向こうから教わったものである。子どもが生まれればあたえるというのは、よく考えてみると、家という概念を否定している面がある。徳川時代には田んぼや畑は家のもの、人間も家のものというか家に所属している。だから、徳川時代のばあいだと、田何町、畑何反、これは誰それのものだと検地で決める。そのときに、その家の戸長、家長を決めて、それは誰のものだと記録されるわけである。子どもが何人いようが、生まれようが死のうがそれは全然関係ない。家長にくれるわけである。

それだけから言えば、古代のやり方というのは合理的な面もないことはないわけである。村の人たちがみんなで耕してやってきた田畑を死ねば勝手に取りあげ、生まれたからくれるなんてそう軽く考えてもらっちゃ困ると言いたい面もあるが、それは自由にものが言えるばあいのことである。強力な支配者のやり方として考えると、ちょっと合理的な面がある。なぜかというと、家族の多い者には余計に田畑がくることになる。だからもしこの制度がきちっと行なわれていて、そんなにものすごく米を取りあげたり、労役を取りあげたりしないでもう少し軽い税金かなんか納めているていどですむということになれば、これはちょっとおもしろい変わった考え方である。社会主義みたいな感じがする。地主が死んだら長男がそれを全部引き受ける、そういうことはいっさい許さないのであるから、地主制度などというものはできない。男の子が生まれて六歳になれば原則は二反くれる。女の子が生まれても男の三分の二をくれるという。

その田んぼは子どものものであって、家族一人一人があたえられた田を持っている。それを家で、あるいは村で共同で耕しているようなものである。そしてその人が死ぬと取りあげる。その家にちょうど六歳になる子どもがいればそのままになるが、いなければ隣にでも六歳になる子どもがいればそちらにまわることになる。朝廷はこの方式を日本全国に強力にすすめていくわけだが、うまくいかず完全には実施しきれなかった。家族の少ないときに出発した家では小さいままでいくとか、家族の多い家は田んぼが多くなるとか、死んだら田んぼを取りあげればいいわけだが続かない。

そういう矛盾もあって続かないわけだが、これがなぜ実施しきれなくなるかといえば、農民が非常に苦しい。朝廷というよりも貴族や土豪たちの農民からの収奪が非常にはげしい。農民が生きていけないぐらいに労働力を調達したり、物を持っていったりというふうにするわけで、そういう意味では中央の国家権力すなわち朝廷の支配が完全になされていなかったわけである。そのために民衆は自分の田畑をお寺に寄付してしまう。寄進するわけである。朝廷からもらった田んぼを勝手に寺に寄付するということができるのかと思うだろうが、それができた。お寺が非常に強い力を持っていたからである。古代の朝廷というのは、地方の貴族もそうであるが、非常に寺を大事にしていて、寺も田んぼを持っていた。

どうしてあんなに寺を大事にしたのだろうか。奈良の東大寺みたいな寺を天皇が代わるたびにつくるとか、あちこちにお寺をやたらとつくった。これはやはりひとつは、完全に武力的な支配だけでは民衆から尊敬を受けることができないという面があったからであろうと思う。そういう大きなお寺と宗教的な権威で民衆を支配する。権威しか利用しないわけだが、それをひとつの精神的手段にしたわけである。

当時でいうと自分より武力の強い者が現われてきたら危ないわけだ。そっちに行ってしまうわけで民衆の信頼を得るためには、自分にはお寺がついているんだ、というようなものがあったのであろう。それゆえにお寺を非常に大事にして、寺田《じでん》といってお寺にも田んぼを与えるわけである。そのお寺の田んぼは租税も取らないし、役人も入らない。お寺には租庸調はひとつもかからないのである。それで徳川時代に駆けこみ寺というものがあるが、この駆けこみ寺的な方式を農民が利用しはじめた。苦しいからそこに逃げこむ。それが傑作で自分の田んぼを持って逃げこむのである。持って逃げこむといってても田んぼをかついでいくわけではなく、お寺に田んぼを寄付してしまうわけだ。それを寄進田という。

こうして逃げこむと、一所懸命働いて、どんなにたくさくお米を納めたところで、自分を支配するのはお寺ひとつだけだ。役人や豪族や天皇は関係ないのだから、一人だけに忠誠を誓っていればいい。ずっとそのほうが楽なわけである。それで、それが可能だということがわかってくるのであろう。我も我もとお寺に自分の田んぼを寄付してしまう、寄進してしまって自分はその支配下に入る。そうすると、何もお寺に行って暮らしているわけではなく、村で暮らしているのだから、侍が来て年貢を出せといわれる。そのときにこの田はたとえば比叡山なら比叡山のものだと、こういうふうにいっておけばいいわけだ。私も比叡山のだといえば、侍も役人もみんな帰ってしまう。

そういうのを不輸不入の権という。輸というのは租税を納めることである。今の税金はお金を払えば済むわけだけれども、たぶん昔は税金を納めるということは実際に重たいものをよそへ運ぶということではなかったのかという感じがする。不輸というわけだから納めないでいい。不入の権というのは役人が立ち入らないということ、役人が入ってくるのを拒むことができるわけである。そこで我も我もということで、お寺には家来がどんどんふえる。田んぼも増えていく。したがって大変大きな経済力と、昔は百姓はいつでも戦争に参加できるように武装させているから大変な武力をもつことになる。お寺にも例の僧兵みたいな者もいて銅鑼ひとつダァーンと鳴らせば農民がみんな竹槍持って駆け集まってくるという大変な武力にもなるわけで、それからずうっと後々の中世には、強力なお寺ができてくるわけだ。

これと同時に天皇から田んぼをもらって支配していた地方の豪族達が、俺の所も不輸不入の権だ、役人は御免だ、と言い出す。そして、「百姓たち、俺の家来になれば、もう今後は上から朝廷の役人が来ても税金納めなくていいぞ」とか、「その代わり、俺の家来になって、戦争になったら出てこい」とかいうことで普通の貴族たちも、実力でこれをやる。それで朝廷の力はぐんぐん弱まる。それから貴族たち、豪族たちが自分で開墾する。自分の領土を、支配地の中を農民に開墾させてどんどん田にしていく。そうすると、そこから物がとれる。それは彼らの収入になるということで、経済力もどんどん増えていく。このようにして各地に強力な一種の独立した領主ができてくるわけである。

戦の合間の農耕——中世荘園制のころ——

この独立した領主がお互いに戦争をはじめていく。これが古代から中世へ移り変わっていく頃の日本の状態である。そしてこの勢力争いの中で、力もあり血筋もいいというような者は、自分たちの系列をつくっていくわけだ。各地に大小さまざまの領地を持って、不輸不入の権を獲得して、一国一城の主になったのが大小さまざまいて、それを系列化するもっと強力な者が出てくるわけである。平とか源とか、何とかという具合に。そういうふうにできたひとつひとつを荘園というわけだが、歴史家の著作によると、そういう荘園を系列化していってひとつの連合政権があったと解釈していいらしい。われわれはそれを源平の戦いとか、戦争の側面でだけ認識しているわけだが、彼らの戦争をする武力とか経済的基礎は、自分の支配下にある荘園によっている。荘園といってもいろいろな形があるらしいが、これらはみんな武力を持っているから、たえずあっちについたりこっちについたり、勝ったり負けたりというような戦いの連続の中で、中世の荘園制度時代が展開していく。

この時代がやってくると、民衆はいつも戦争の合間に耕しているという具合になって、そういう意味では古代とはちがう生活環境になってくるわけである。たえず戦争が起きている。自分のところと全然関係ない戦争が、自分の村や畑の上で行なわれたりする。そこへ強いほうがやってきて連れていって、兵隊にさせられたりさまざまなことがある。戦争があってどっちにつくということは、まったく偶然的なことであって、支配力の強いのがきて駆り立てられればそっちへついて行く。自分が選ぶわけではない。上杉謙信にしても、武田信玄にしてもそうだ。『笛吹川』という小説があるが、これなんか、戦争だといって兵隊に連れていかれる、敗ければ、自分が何処にいるかわからない、だから帰ることができない、というので、そこいらをうろうろしていて、けっきょく、かっぱらいかなにかをやらざるを得ないというようなことを書いている。またうまくいって自分の村に帰ってみたら、もう村はすっかり焼かれている。家族もどこへ行ったかわからない。そういう状態がたえず繰り返されている。

秀吉の刀狩（兵農分離）——中間支配者の排除——

そんなことをしているのでは、政権は安定しない、と考えたのが豊臣秀吉である。そこで、「刀狩り」をやる。いわゆる兵農分離である。織田信長の段階で、すでに日本全体を支配しようという意識をはっきりもっているから、そういう方向を打ちだしていたが、それを具体的に制度的にどう固めていくかということを、秀吉が考えてやり上げていったのである。

「ナヌシ」と「ミョウシュ」　そこで大事なのは、農民には土地をあたえること。そして、土地をあたえたなら、その上に支配者をおかない、領主の下には農民しかいないような状態にすること。それまでの農民は、上に一種の奴隷所有者みたいな形で、むらの豪族を頭にひかえていたわけだ。名主《みょうしゅ》などというのはそれに当たる。徳川時代になるとこれは名主《なぬし》となる。「ナヌシ」となると、これは徳川時代のむらの村長さんになるのだが、「ミョウシュ」となると、農民に土地をろくにあたえないで、自分の名《みょう》といってむらの耕地が自分の耕地なのである。いまにすれば小字のようなものである。一定の支配地域というのは非常に小さなもので、ふつう一〇町歩か二〇町歩ぐらいらしい。名主《みょうしゅ》の地位というのはどうしてあたえられるかというと、昔は侍が専門というのは少なくて、侍であると同時に百姓であったりするわけだから、それが武勲を上げたということで、その地位を与えられるというのが多かったらしい。

『会津農書』という会津のある名主《なぬし》が徳川時代に村の農耕のことを書いた本をみると、やはり中世の地方の豪族支配のときに侍が村に居ついて、その村の支配権をあたえられたわけである。しかし、これは徳川時代になると、その侍としての地位というのは取り上げられるから、地元の百姓として、あるいは補佐として長《ちょう》として、そこに名主《なぬし》のような形で残ったわけである。

ところが、ここで名主《みょうしゅ》といっているのは、名主《なぬし》とちがって、自分の支配下にいる農民たちを一種の農奴にしているわけだ。生活はあるていど、独立させることもあるが、そうでないばあいは大きな家の中で、土間みたいな板の間にわらを敷いて、そこに寝かせている。そして自分たちは奥の座敷で暮らすという大家族制度である。こういうふうに同じ屋根の下で暮らしているばあいと、東北のように家は別々になっているばあいがある。いわゆる名子《など》というのだが、岩手県などの名子のばあいは家はいちおう独立していて、少し小高い所に本家があって、その周囲の小さな土蔵みたいな所で暮らさせている。そして飯を食うときに集まってきて食べるわけである。

これが独立して所帯をもって、自分で飯を炊いて食べてもいいということになると、「かまど分け」ということになる。かまどを持つことが所帯を持ったという証拠である。だから、その家を象徴するものとしてかまどというのはとても大事なものなのである。したがって、ふつうの名子には、かまどを持つことを許さない。かまどを持っていないということは、独立していないということで、非常に頼りない存在なわけである。かまどを持っていいということは、あるていど、自分で物がつくれるように土地をあたえるということでもあるようだ。そうすると旦那としては、それだけの土地を確保しなければならない。したがって、なかなかかまどを持たせないわけである。だから飯のときに集めて食べさせて、あとは何もしない。まあ、着るものぐらいはあたえたかも知れないが、あとは名主《みょうしゅ》もりっぱな田んぼや畑を持っているので、そこへ行って働いてこいと命令をするわけである。

あるいは殿様の田畑のことを佃《つくだ》というが、そこに行って働かされる。ここに働きに行くのは大変きついことだったらしい。いずれにしてもふつうの農民がこの強力な名子制の支配のもとにあるばあいには、ほとんど自分の土地というのは持てないようになっていたわけである。

そして戦争があると名主《みょうしゅ》は隊長になって、自分の支配下にある若者をひきつれて戦争に参加する。そして自分が武勲をあげれば、もっと田んぼをもらえることになる。そういう意味では、中世の農民というのは非常に落ち着かない状態にあったわけである。

中央集権的封建制

徳川時代に入ってもやはり織田信長とか豊臣秀吉につながってくる。織田信長が全国制覇を考えて、秀吉がそれを完成させる。ふつう日本では、この時代に本格的な封建社会ができたと言われているが、豊臣秀吉がつくりあげた封建社会というのは、外国（ヨーロッパ）の封建社会とずいぶんちがう。ヨーロッパの封建社会というのは、どちらかというと日本の中世の荘園制にちかい。日本の中世というのは、非常に戦争がはげしくて、社会が落ち着かなかったわけだが、ヨーロッパの中世では、やはり戦争はしていたけれども、お互いの勢力圏というのが次第に固定してくる傾向がある。

早い話が、フランスを頭に浮かべてみても、王朝はあるけれど幕府に当たるものはない。領主はそれぞれ独立しているわけである。王様にはあるていど従っているが、日本のように朝廷があって、幕府があって、諸大名があるというのとはちがう。日本のばあい、この大名が伊達藩にしろ、南部藩にしろ、会津でも磐城でも、各地方にたくさんいる。そしてこの大名というのは、石高一万石以上の領地をもっているもので、一万石以下の領地をあたえられたものを旗本という。そういう制度になっている。ついでに言っておくと、この何万石というのは年貢の量ではなくて、収穫量と考えてよい。ある人の研究によると、ふつう三〇万石といっても、経費がいろいろあって、実際に領主の蔵に納まるのは一〇万石ぐらいだそうである。誰それ何万石というのを表高《おもてだか》というが、実際の収入はその三分の一ということになる。

ところが、何万石にしろ、これは全部徳川幕府からあたえられているものである。それに年貢の取りたて方にしても、全部、幕府で決める。これに反すると、領地を取り上げられてしまう。ヨーロッパには、こういう封建社会はない。つまり、〝俺の領地だ〟などと威張っているが、幕府から預かっているだけであって何の権限もないわけだ。民衆に対してだけ権限があるようだが、その権限の発揮のしかたは上で決められているわけである。〃年貢はこうして計算して取れ〃とか〃田んぼはこうして計れ〃とか決まったとおりのことをやっているにすぎない。ヨーロッパの封建領主はもっと自由である。そのかわり、他が攻めてくれば戦争する。日本の大名の支配下、城下町に侍がいるけれども、あれは何のためにいるのかわからなくなる。なぜなら各藩とも戦争なんか起こそうものなら、それこそ幕府につぶされてしまう。つまり、刀はさしていても戦争はできない状態にあるわけだ。そこがヨーロッパの領主と少しちがうところで、自分で自分の領地を守るという関係ではないわけである。たとえば、誰かが伊達藩をやっつけようとしても幕府が守ってくれる。幕府に訴えれば、自ら武力を発揮しなくてもいいわけで、だから侍というのは、御家騒動とか内紛とかというときにだけ出てくる。そういう意味では「領主権」などという権利はまったくない。だから、日本の徳川時代というものは、あるいは秀吉が形をつくり上げて以来というものは、典型的な封建社会だというようにいわれているけれども、これはカッコつきというように考えていただきたいと思う。

ヨーロッパでいう封建社会というのは、領主は自分で自分の領地を守っている。そのかわり、戦争に敗ければ失うわけだ。だから、「封土」というか、つまり、かこった土地という意味が非常につよく感じられるわけだ。日本のばあいは、お城を持っていて、侍もかかえているけれども、言ってみれば国が選んだ「県知事」のようなものである。

さて、そういう支配のもとでの民衆と領主の関係というのはまったく画一的である。秀吉が、まず名主《みょうしゅ》という中間の支配者をぜんぶ排除した。領主から直接田を与えられた農民が自ら耕すというわけである。荘園制の時代には名主《みょうしゅ》の他にも役人がいたり、中間の所有者がいたわけである。だから、耕作している田んぼは、自分のものではなかったわけだ。それが、〃一地一作人〃ということで、一つの田んぼを何人もの人でつくるということは許されなくなる。名目上、一人のものになったわけだから、そういう意味では、ここで民衆が解放されたわけである。そして、名主《みょうしゅ》を格下げしていく。ただ、現実には忠誠を誓って従ったものには、あるていどの地位をあたえられたようである。さきほど言った『会津農書』を書いた名主《なぬし》さんも、家の過去をさかのぼっていけば名主《みょうしゅ》である。そういう人は、やっぱり居坐っている。刀狩りで刀も取り上げられ、特別の権限もないが、名主《なぬし》とか肝いりということで村の長としての地位をあたえられていた。そして、余計な土地は全部取り上げられることになっているけれども、実際にはあるていど残っている。だから、村の中では経済力のある豊かな農家なわけである。古い村では、徳川時代からの旧家で名主《なぬし》などという家のばあいは、やはり昔もそういう地位にあったというばあいが多いようだ。ただ、農奴のようにみんなを使うということはできなかった。しかし、農民からみれば村のこわい地頭の旦那だった。武力的な支配はないが、やはり恐ろしい長であることには変わりない存在であった。

「太閤検地」と年貢の割当て

今までみてきたような権力の形の変化自体は歴史の問題のようにみえるが、民衆と自分の田畑との関係でもある。朝廷が田んぼを強制的につくらせてきて、それが崩れてくると今度は新しい領主が、農民が寄進したりした田んぼをお前たちにあたえたのだ、という形をとろうとする。これはずいぶん歴史としては途中を省略しているが、これがいわゆる検地制度というものである。秀吉は、先にみた刀狩り＝兵農分離と同時に、太閤検地を行ない、土地を測量して、年貢を納めるべき農民を土地に割りふった。

この「検地」というのは、田んぼの大きさを区画するわけだが、これを一反が三〇〇歩というように決めた。それまでは、一反は三六〇歩だった。それを、秀吉の〝三〇〇歩をもって一反とする〟という一声で、このように変えたわけである。

検地と縄延び

一応、三〇〇歩ということで計り直していくわけだが、そのとき農民はいろいろ抵抗したり、酒を一杯のませたりして、正確な測量を許さないわけだ。だから、全国平均して一割ぐらいの縄延びができたわけである。いくら登記所の登記簿に書いてあっても、ウソのばあいが多い。これを横着して徳川時代からのを明治六年まで計り直さなかった。それで明治二十一年に徹底的に計り直して登記所に出して、これが絶対に正しいということになっているが、これも誰が調べたか知らないが、ろくに計っていないらしい。

余談になるが、戦後、進駐軍が食糧の供出のとき一人一人、一枚一枚の田んぼを書き直すのではなくて、〝宮城県のこの村の田んぼは一割の縄延びがある〟というように、統計学でそういう推測数値を出して、一割の上のせをして供出をかけるということをやった。日本の田んぼには縄延びがあるということを、進駐軍が何故知っていたかというと、日本の農民の歴史を非常によく知っている学者がいたからである。日本に非常に詳しくて、日本人よりもっとリアルに本を書いた。この人が進駐軍に〝縄延びというものがあるはずだ〟といったわけである。余計なことを言ったものである。

それは、ともかくとして、検地ということで計って、〝この田んぼは誰のもの、この田んぼは誰のもの〟というように帳面に書き記すわけだ。それが「検地帳」である。これは厳密に細かく書いてある。和泉の二十三番地、上田（じょうでん）七畝三歩とかちゃんと二点の竿で計って、それを図面に書いてある。縄で計るばあいもある。絵図面を書いて、そして一筆ごとに計算するわけである。昔でも三角形の面積ぐらいは計算する算術があった。七畝三歩と言ったが、七畝あれば多いほうかもしれない。一反ある所などは、ほとんどないわけで、これを全部、計算したのだから大変な作業だ。この後、さぼったわけがよくわかる。そうしてふつう「字絵図」といって、字ごとに精密につくるわけである。山を書いたり、家を書いたりしている。田んぼの図は上から見た図を書いて、周囲の情景を書くときは横から見たのを書いたりしている。リアルですぐわかっていいものだ。道路も書いてある。今の地図は、よく見ないと、どこが山か谷かわからない。何故、昔のような地図にしないのかと思うくらいだ。非常に情緒があっていい。

婦女子と水呑

それは別として、この絵図と検地帳はいっしょにつくられ、〃この田んぼのこの面積は誰それのだ〃となる。そして、これに記載されたものは領主でもよほどのことがないかぎり、取り上げることはできない。この「検地帳」が農民の存在を確かめる唯一の公的な記録でもある。他にも具体的なものはある。家族は誰と誰だとか。しかし、これは非公式の文書で、これが「村明細書」だとか「名寄帳《なよせ》」とかになる。言ってみれば、住民登録みたいなもので、つくることは命じられているが、やはり最後にものを言うのは戸籍である。これと同じで「検地帳」というのは絶対的なものなのである。この「検地帳」に名前がのることによって、この人は百姓として公認されるわけだ。「本百姓」という。「百姓、誰それ」と言われるのは、この帳簿にのった人間だけである。しかし、村の中には、この帳簿にのらないけれども、そこに住んでいる人間が若干いる。検地でもって田、畑をあたえられるにはやはりあたえるにふさわしく、所帯をもって暮らしているかどうか、あるいは、その耕していく実績とかを確かめてからあたえるわけである。しかし戦乱の中で、誰も身寄りのない孤児みたいな人がたくさんいる。掘っ建て小屋に住んで、野良仕事や農家の耕作だの薪割りを手伝って暮らしているわけだが……こういう人たちには田んぼはあたえないわけだから、帳簿にのらない。そして、原則としては、この「検地帳」にのらない人は村の中に住まわせてはいけないわけである。しかし名主（なぬし）や庄屋が「それぞれは、こういう人間で身寄りは全然ないけれども、かねがね村の者たちの手伝いをしたりして心掛けも宜しく、まちがいのない人間で候」などという文書をつけてやることによって村に住むことができる。村に住んでいる人たちから「村明細書」とかの名簿を出させている。ついでの話が多くて恐縮だが、これには「妻、よし」というように名前を書くばあいと、ただ女と書くばあいがある。妻は女に決まっているが、これは中ピ連なんかが聞いたら怒るだろうが、女は名前なんかはどうでもいいというわけだ。だから、妻、女一人、長女一人となる。男は名前を書かせていて、長男は誰それ、次男は誰それとなっている。これぐらい女というものを軽視している。

こうやって、「百姓、吾平」とか、ずっと書かれていて、最後の方になると「水呑」というのがある。これは「検地帳」にはのらない人である。だから、「百姓」という肩書きを公認されている人は市民権をもった人間のようなものなのである。徳川時代に通称として農業をやっていれば百姓というが、「百姓、誰それ」という公的なものではないわけだから、その人は帳簿にのらないわけである。帳面から漏れているということで「帳漏れ百姓」などといっている。この検地帳にのっていないということは、生死はまったく保証されていない。殺されても、誰に訴えることもできないほどの扱いになっている。そういうように、実に徹底しているわけである。

年貢

さてこの「検地帳」にのった田んぼだが、上田というのは、上・中・下にわけて、いい田んぼのことだ。ふつう、上田、中田、下田、下々田とわかれている。畑も上畑となっている。

古島敏雄先生の書をみると、上田と中田、中田と下田の間というのは、だいたいふつう、言い習わしとしては「二斗下り」と言っている。そうすると、中田でもって、この村の今年の収量が一石とすると、上田では一石二斗とれるとなるわけである。

たとえば吾平さんは上田七畝三歩の他にもあちこちに田んぼをもっていて、中田の他にも下々田ももっているとする。そうすると、その度に自分の名前が出てくる。自分の田んぼが二〇枚あれば、「検地帳」に二〇回自分の名前が出てくるわけだ。そのほかにも、和泉じゃなくて他の字にも田んぼがあれば、その字の記載帳にも出てくる。そういうふうに、吾平さんの名前は何度も出てくる。そこで、いったい吾平さんはどれだけの田んぼをもっているのかという一覧帳がある。それを「名寄帳」という。これがないと、けっきょく吾平さんは合計で何俵の年貢を納めたらいいかわからないわけである。

中田で一石であるから、上田なら一石二斗で、これを七畝三歩で計算すればいくら米がとれるかわかる。そして年貢の割付け表のところに何公取りと書いてある。五公取りなら、その半分がとられる。こういうふうになるわけだ。ところで五公五民というのは〝ああ、半分か〟と思うかも知れないが、じつは、むずかしい駆け引きがあるわけで、やっぱり、割当てるほうはできるだけ収穫をいいほうにみようとするから、計算上は五割でも実際は六割も七割も納めているということになる。

もう一つ、畑の租税もふつうは米で取るのが原則である。米で納めることができないばあいは、お金でとる。しかし、農民としてはいずれにしろ納めるわけで、なるべくなら米で納めたほうがいい。特別お金になる作物があったりすれば別であるが、ふつうのばあいは、何か作物をつくって、それをお金にして年貢の代わりに納めるとなると、とれたときに急いで売ってお金にしなければならないし、商人には買い叩かれるし、ろくなことはないわけだ。だから農民のほうは極力、米で納めるし、領主も米でとることを原則としている。あと、特殊なばあい、あるいは特殊な地域では豆とか麦で納めさせることもないわけではないが、ふつうは米で取ることになっている。

米でなく、金で納めるばあいを「代金納」と言っている。畑ではどのくらい年貢を納めるのかというとこれは非常にまちまちである。私が二宮尊徳のことを調べたときの資料をみると、関東平野のばあいでだいたい米の半分ぐらい。これは田んぼと同じ面積で田んぼの中田で標準の収量が一石とみれば、畑では五斗とれるとみられる。だから同じ面積の田畑があるとし、五公五民とすれば、具体的に計算すると田と畑の全部で七五パーセント納めることになる。七五パーセント納めるということは、全部納めたことに近いわけで一年のうちたまには米のめしを食べたいし、かゆにも少々は米の粒を入れて炊きたい……そういう若干の量が残るていどだ。それから、備荒貯蓄――凶作の時の備え――もしておかなくてはならない。しかし、凶作のときにしまっておいた米を出してきて食べられるかというと、やはり、そうはいかない。現実に凶作のときに〃凶作だから今年は年貢を納められません。ただし、私は米をちゃんと蓄えてあります〃といって、自分は米を出してきて食べる、殿様には年貢が納められない、ということは許されない。〝凶作だから……〟という言いわけを農民ができるためには、貯蔵していた米も全部出させて、もう納めるものがないとなれば、〝今年はいい〟となるわけである。現代と少しちがう点は、現代は税金が今年払えないばあいは来年払うことも決して不可能ではないが、徳川時代はふつうのばあい、その年その年で決着をつけるわけだ。つまり、去年の納められなかった年貢を今年納めるという形での、そういう延納というのはない。それを言いかえれば、延納を許さないという、徹底的なきびしさがあるということにもなるわけでもある。

徳川時代へ

田への緊縛と家制度

こういうふうにしてだんだん徳川時代のような状態がやってくる。検地制度をやったり、農家を百姓という言葉で制度上のひとつの身分とする。百姓と百姓持ちの田畑を誰のどの家の田んぼはどれということで帳簿に一度記録したならば、代々その家はその田畑を絶対的に守りつづけていかなければならない、という上からの強力な制度をつくり出す。それが検地制度なのである。

古代とは考え方が全然ちがう。古代のばあいは生まれたらもらうが、死ねば取り上げられるという、自分のもののようで自分のものではない感じのものであった。中世の封建社会になるとその農家とその田畑というものは絶対的にくっつけてしまう。そのなかで畑のほうはやはりあまり重要視していない。何といっても基本は田んぼである。そしてそのあたえた田んぼは（といっても実は農民がずっとつくってきた田んぼだが）、田んぼ以外のものにしてはいけない、とはっきり明記されるわけである。「田畑勝手作禁止」という法令を出す。これは田んぼには米しかつくってはいけない。他のものをつくってはいけないというもの。田畑となっているが、畑のほうはいってみれば田畑を勝手に入れ替えてはいけないということで、畑に何をつくるかということは、特殊なことを除いて一般には制約はない。畑は日常の生活のためのものをつくる。だからいってみればタバコをつくる、棉をつくるということが農民にどうしても必要だということになって、ことに反物をつくるには棉がどうしても必要だというようなことになれば、村の名主さんから領主にそういう訴えというか要求が出てくることがある。田んぼに棉をつくらせてくれと。そうすると領主はそのほとんどのばあい、山を開墾して畑にしてつくれ、ということをいう。そこでならば作物をつくることは自由だが田んぼでつくることはまかりならんと。そしてそのかわりあるていどの山を開いて畑をつくることの許可をあたえる。いぜんとして水田というものの絶対性というのが引きつがれる。

もうひとつは田んぼというものに——はじめは百姓という身分をあたえることによって、今から考えると田んぼの所有権をあたえられたような感じになるが——所有権などという認識はないわけだ。所有権という物の考え方は封建時代には領主のなかにもない。領主の側からいうと所有という認識ではなく支配である。そういう自分が支配している百万石なりの地域の田んぼに地番をつけ、百姓ということで名簿にあげた吾平なら吾平という百姓に耕作させるわけだが、その耕作の義務は代々引きつがれなくてはいけない。代々引きつぐためには、それは長男が引きつがなければならないということになるわけである。家族制度みたいな話だが、ここはたいへん重要な切り換えなのである。

古代社会のときには田をあたえるときに長男かどうかは実はどうでもいいことだった。六歳になれば俺のせがれも田んぼを持ってしまう。俺の持っている田もせがれと同じ三反なら三反。自分は血統の上では家父長で、家を継ぐようになっているが、これは誠に頼りない家父長制といえる。実は息子と同じ面積しかもっていないのだから。そういう意味の家族制度というのは非常に弱いものだ。大家族が複合的に暮らしているということであり、そのなかの親爺であるにすぎない。親爺であるということの意味は子どもの父親であるということにすぎない。土地との関係においては何も威張ることができない。ただいろんな意味では中心になるであろう。しかし自分の息子も朝廷なり貴族から田んぼをもらっている、俺ももらっているというわけで、そのことを横からみていくと家族というのはいってみればバラバラである。生活や農耕はいっしょにやっているが、権力者との関係でいえば直接に支配されている。親爺も誰も彼もである。

ところが中世とか徳川時代の検地制度になってくるともう長男だけが問題なのである。だから帳簿には親爺の名前しか書いていないわけだ。親爺が死ねば長男の名前だけ書かれる。ここにはっきりした「長子相続制」が出来上がるわけである。ほんとうの意味の長子相続制――ほんとうの意味というのは農耕生活すべてを含めて長子相続制というのがはじめて、すべてにおいて意味をもつということになるのである。その家長なるものに土地をあたえる。家族が何人いようが、そのことは権力者は気にはしない。

古代のばあいはある意味でいうと合理的で、家族が多ければ田んぼが多くなる。ところが徳川時代になれば貧農で五反しかなくて子どもが一〇人も生まれ、ヒイヒイいっていたとしてもそれはおかまいなしである。その家族の大きさとは無関係で、家族が多くなればなるほど貧乏になっていく。逆にそういうふうになっていく面がある。古代のほうが良かったかどうかということは別にしてである。

そしてその家と家長に耕作することを義務づける。自分たちが耕している田んぼなのだから何も義務づける必要はないはずであるけれども、その家の家長の義務としてくっつけている。

私有という理念にすりかえて

この家長と田んぼの関係というものが、明治になって近代的な法律の思想——ヨーロッパから所有権の思想をもってきたときに、法律上これが所有権というものに書き変えられるわけである。今度は義務づけるのではなく、権利だというふうになるわけだ。義務から権利に切り変わる。所有権、もっというなら私有権である。

それまでは私有権という制度上の概念は支配者ももっていなかったし、農民自身も私有物という認識は非常に弱くてどちらかというと、その田んぼに対する責任のほうの認識が強かった、と思う。

これは権力に対してもそうであったろう。村や部落のなかでもそうであった。田んぼに入ってくる水を落とすということをちゃんとやっておかなければ村や部落のお隣りの田んぼにも迷惑がかかるし、草をあまり生やして実を飛ばせば隣りの田んぼに迷惑をかけるとか、いろいろな関係のなかで田んぼを大事にするということは、所有権の問題として大事にするというよりは責任の問題として大事にするという認識のほうが基本になっていたと思う。

ヨーロッパではこの土地の私有という考え方は、民衆が運動の過程で近代化の革命をすすめていくなかで、自分の土地に対する権利を強く主張するということから出来上がってきたひとつの土地に対する人間としての自分の考え方、思想なのである。

だからこういうことが言われている。アジアでは土地に対する私的な所有というような考え方は民衆の自分のなかからは歴史上一度も出てきたことはない、というふうに言う人がいてたいへんおもしろく読んだ。日本の私有権——耕していようがいまいがその土地は俺のものだという気持でみるわけだが、よくふり返って考えてみると、それは明治のときにヨーロッパからもちこんだ民法の思想を日本の学者と法律家、政治家がなるほどこれでいかなくてはいけないということで急ごしらえにつくりあげた権利なわけである。いいのか悪いのかわからないが、アジアではどこの地方にも、私有というように地主とか地方の貴族がたくさんの土地を支配しているが、これは所有ではなく支配なのである、ということで意味がちがうわけだ。どうちがうかというと、微妙で私にもうまく説明ができないけれど、何となくちがう。土地というものを私有物として考える物の考え方はヨーロッパ的考え方というかでは土地を私有物と考える物の考え方というのは、世界のなかではヨーロッパというせまい地域に極限されたむしろ特殊な考え方であり、逆に、それを日本だけがアジアにもちこんだのであって、アジアの他の国では今でも通用しないというのである。そしてアジアではこれからの土地と人間の関係についてもっと別のことを考えていかなければならないのではないかともいう。

しかし、日本のように耕そうが耕すまいが、俺の田んぼだというものができているわけだから、これについてとやかくいうようになれば、それは私的な権利をおびやかすことになってくる。これは土地というのはいったい何なのかということを考えさせてくれるものであり、そんなことを深刻に考えることもないかも知れないが、考えてみてもらうのもいいかと思う。

ところで、徳川時代に田んぼというものを非常に重要視し、田んぼと百姓を強力に結びつけるという、この支配者の思想、これが民衆のなかにずっと入ってきて田んぼと自分の結びつきというものを、ヨーロッパの畑に対する物の考え方とはもっとちがった非常に強烈なものにさせていくなにかがあった。そして明治になってみると、その結びつきを私有という理念にすりかえてきた、という結論にたどりつかざるをえないのである。

農家の生活と田と畑

年貢米のゆくえ

農民の食べもの

さて、徳川時代の百姓は何を食べて暮らしていたか、ということであるが、地域差はあるものの、一般的にいうと自らの生産物である米はほとんど食べられなかった、といえる。たとえば新潟の蒲原平野のような全く米しかできないという所でも、食べられたのはせいぜいクズ米。

徳川の中期になると、平野部の大河川の沖積デルタ地帯、沖積平野地帯で新田の開発がどんどん進んでいく。昔湿地であった大きな川の下手の平野部のところで、今では主要な米作地帯となっているようなところというのは、場所によっていろいろな差はあるが、大むね徳川の中頃になってから干拓したり埋め立てたりしてつくられたところが多い。つまり、以前はそういう平野部のあまり水害などのこないところのそのまた少しいくぶん盛り上がったところに集落があって、その周囲に田んぼをつくって古い村があったものが、この頃からぐんぐんぐんぐん葦やなんかの生えていたところを干拓して田んぼにしていく。

これは各藩が江戸の中期頃から財政的に苦しくなっていくために、田んぼをふやし年貢をもっととっていく、という政策を積極的にすすめていったからである。そのようにして新田地帯というのが各地にできていく。こういうところでは畑は非常に少ない。それから排水もあまりよくないから冬の裏作もしにくい。そういう事情で、村によっては穫れるものはほとんど米だけだというようなところがたくさんある。こういうところでは米を一年じゅう硬く炊いて食べられるほど米が残ったかといえばそうでもなく、たとえばこういう記録がある。新潟の蒲原平野であるが、米しかない。だから米はいくらか手元に残るわけだが、その米を売りに出して自分はクズ米を買ってきて食べる。もちろんクズ米を買うわけだから、たとえば米一俵を出してクズ米二俵もらってくるというような関係になる。つまり、米しかつくれないところはみんな白米のおかゆを炊いたり、硬く炊いた飯を食べていたかというと必ずしもそうではなかったということである。ともかく、地域によって事情はさまざまだが、新潟ではクズ米を炊いた飯にカテをいろいろ混ぜて食べていた。そのクズ米は私の調べた資料では商人に頼むらしい。その商人というのは肥料だとか農具だとかそれからニシンみたいな干し魚など、とにかく何でも村にやってきて売ったり買ったりする関係らしい。

時代が最近の話になってしまうが、これが明治期になると、作の小さい小作農民は米を台湾米と取り換えている。これはずいぶん多かったらしい。だから意外に、蒲原平野という大穀倉地帯に台湾米が入っているという数字が出てきたりするわけである。

徳川の時代にはクズ米ばかりとは限らないかも知れない。ヒエとかアワとかいろいろのものと取り換えて量をふやして、それで一年を食べるようにしていた農家はずいぶんあったということはいえる。クズ米というのがどうして市場に出るかというと、これはいろいろ限りなく貧乏な農家が自分のうちにクズ米しか残っていない。ところがどうしても鍬を直さなければならないとか、鎌を買わなければならないというようなときに、ふつうの倍の量が必要かも知れないが、鍛冶屋さんがクズ米と交換してくれる。それでクズ米で鎌を買うとか、クズ米はクズ米なりにまた小さい農家から出てくるわけである。

城下町に米はだぶつき

侍に何石どりとか、二〇石五人扶持というのは時代によってちがうらしいが、一日二合五勺をもって一人扶持という。だいたい一年で一石になる。一〇日で二升五合、一〇〇日で二斗五升で約一石。だから二〇石五人扶持となれば、一年に二五石米をもらう、二五石の給料米をもらうというふうになるわけである。

二〇石五人扶持といってもそういい侍ではないけれど、それでも侍の家族は六〜七人なわけだから米がいっぱい余ってしまう。その余った分をお金にして暮らすわけで、おかずを買ったり、着物を買ったりということになる。殿様が三〇万石とするとそれはその支配地の取れ高だから、年貢として実際に集まるのは約一〇万石。とすれば殿様とその家族がどれくらいいるのかちょっと例をあげて計算すれば数字が出る。早い話が一万石とすれば一万人が食えるわけだ。侍とその家族だけの数でそんなに大きな城下町というのはめったにあるものではない。他の町人、商人やらは別にして、殿様や侍の家族をあわせても数百人というのが限度だろう。年貢が一〇万石あったとしても、五〇〇人いれば五〇〇石あればいい。となると、あとの九万九五〇〇石、つまり九割方はどうするのかということだが、これは全部お金にするために売り払うわけである。

ヨーロッパの領主というのは、そういう取り方をしないで、小麦がこのくらい必要だ、何がこのくらい必要だ、と必要なものを取る。一種の自給自足である。そして、その取ったものをお金にするばあいもあるけれども、なるべく買わないように農民に出させるわけである。鶏だ、卵だ、あひるだといったように、なるべくお金のいらないような一種の領内の自給自足をやる。

それにくらべると日本の領主、殿様というのは、意外にも貨幣を余計に使うということになる。なにしろ米しかないわけで、あとは全部買わなければならない。百姓がつくったゴボウにしても大豆、豆腐にしても、あるいは麻の着物にしても、原則として年貢は米で取るわけだから、あとは商人が行って買ってきたものを城に納めるということになり、城からはお金が出ていって、それが農民のところにいくというように、日本は意外に貨幣の流通が村々にまできめ細かく入っていく。米だけを徴収しているゆえにである。米だけで取っているということはずいぶん現物的な感じだが、実はあれは貨幣に換えたときに意味があるということだから、逆にそれはお金のうごきを非常に盛んにさせるわけである。だから日本は商人が非常に細かく村々にまで入って農民いじめをしていくようになっていくわけで、これはヨーロッパ以上のようである。ヨーロッパでは農家の人が自分で食べる分は自分でつくる。これは日本でも同じである。それから領主や侍たちだが、ヨーロッパのふつうの侍というのは、ほとんど日常農業を兼ねているが、日本では兵農分離ということで、侍は百姓をやってはいけない、となっている。百姓をやっているということがわかるとそこに焼打ちをかけられる。これは織田信長の時代からそういうことがはじまっている。侍をやって暮らせるかどうかまだ自信がないものだから、家族を実家に残しておいてやっている。チョンガーで城下町へ出かけていくわけだから何かとがまんのならないことがある。懐がさびしいから悪いことをするようになる、婦女暴行罪みたいなのがたえず起きてくる。それが織田信長の耳に入って、何故そういうことになるのかと調べてみると、そういう連中の家族は村においていて一緒にいない。百姓をやってはいけないということになっているのに、とんでもないということで焼き払わせたわけである。そういうふうにしてまで兵農を徹底して分けさせた。だから日本ではお城と町というのは一体になっている。

ヨーロッパの城というのは絵に書いてあるとおり、森や山、湖のあるきれいなところにある。まわりには町なんかないばあいが多い。町は別の交通の便利なところにある。城下町という感じがするのはパリとかロンドンとか王様の住んでいるところくらいなもの。ほとんど貴族や領主の館《やかた》というのは淋しいところにポツンとあって周囲に住居はない。で、侍はどこにいるのかといえば、みんなそこの地域の農民である。ごく一部が城のなかで暮らしている。ひとつ何かがあると全部が集まって戦争に行くというかたちで。日本でも中世がそういうかたちだったわけだが、ヨーロッパでは封建社会が終わって絶対王制になるころまでそうだった。だからヨーロッパの侍は自分がふだん百姓をやっているから、自分の食べるものをお金で買うということはしない。ここでもうひとつお金の流通が少ないということになる。日本の侍はタバコの葉一枚でもつくれないので衣食住どんな細かいものでも、全部買うということになり、意外にお金を余計に使う。それで日本は国内の商業は非常に発達している。ヨーロッパの商業は海賊的な大きいのが発達するが、国内の地域内のきめの細かい商品流通というのは意外に少ない。農産物というのは売り買いするものではなく、取って食うものだ、と農民も領主もそういう考えをもっている傾向がある。

日本のばあいには、とにかく米をつくらせて城下に集める。自分が食べるのかといえば、それはほんの数パーセント。米は秋から春までに集まり、それが船にのって大阪へいく。やがて大阪には堂島という大きな米取引所ができる。裏日本の米、会津の米だって阿賀野川にのって一度新潟まで下りて、そこから船につまれて日本海・瀬戸内海をまわって一度兵庫の港につく。兵庫の港というのは六甲の山からぐーっと下って海が深いから、大きな五〇〇石船が楽につけるわけである。大阪にはあまり大きな船はつけられなかった。一度兵庫の港にもっていって小さい船に積み替えて淀川を上って大阪に入るわけである。そこに藩の倉があって、そこで取引される。こうして、日本最大の米の取引所が徳川時代にできるわけである。極端にいうと、日本じゅうの米がそこに集まって、米があふれるようになる。

それがまた積み替えられて江戸にいく。ただし東北の太平側のほう――たとえば岩手、宮城、福島の浜・中通り――は船に載せて直接江戸へもってくるわけだが、房総半島の銚子沖でずいぶん船がひっくり返ったらしい。何とかして利根川から入れたいのだが、銚子沖が危なかったらしい。それで利根川の河川改修というのがずいぶん行なわれたのだがあまり成功しなかった。もうひとつは利根川の途中から印旛沼に運河をつけて江戸に入れるコースをつくろうとしたが、これも成功しなかった。

こうして農民に米を食わせないで集めてしまうわけであるが、農民に食わせていればそんな運ぶ苦労はしなくてもよかったろう。

ところで、城下町では、多少でも仕事をもって暮らしをしている人間ならば、米の飯だけは食うことができた。米もないというのは生きることもできないほどの貧乏人のことだった。農村から次男、三男が町へ口べらしに奉公に出たりする。ところがその奉公先では給料もろくにくれない。一年のうち二回くらい着物をくれるかあとは小遣いをくれるていどでさんざんこき使われるけれども、米の飯

郵便はがき

107-8668

おそれいりますが切手をはってお出し下さい

東京都港区赤坂七丁目六の一

社団法人
農山漁村文化協会
人間選書編集部 行

この本を何によって知りましたか（○印をつけて下さい）
1 広告を見て（新聞・雑誌名 ）
2 書評，新刊紹介（掲載紙誌名 ）
3 書店の店頭で　4 先生や知人のすすめ　5 図書目録
6 出版ダイジェストを見て 7その他（ ）

お買い求めの書店
所在地　書店名

このカードは読者と編集部を結ぶ資料として，今後の企画の参考にさせていただきます。

人間選書239　**対話学習　日本の農耕**　**54001240**

ご住所　〒

（電話）

ご氏名《フリガナ》

年令

男・女

ご職業　（Eメール）

読後のご感想・ご意見

人間選書へのご意見・ご希望

これまでに農文協をご存知でしたか

だけは三度三度たらふく食わしてくれる。これがふつうおかずはろくにない。朝は汁で昼は漬物、晩になれば煮付けがつくていど。だが、飯だけは腹一杯食える。だから、農村から出てきた農民の息子からすれば実に不思議な話なわけだ。自分の村では親たちが一所懸命になって米をつくっているが、こんなに硬く炊いた米の飯を食うということなどは一年になんべんもない。だいたい混ぜものをするかイモがゆみたいにして食べる。ところが城下町ではそんなに奉公人の小僧にまでたらふく食べさせるというのは米がいちばん安い食べものということだ、と思う。腹もいっぱいになるし、力もでるしといった意味で安い。そして味も漬物だけで食べられるといったいろいろな意味で結局安いものだということ。米だけはふんだんにある。凶作が二年も続くと城下にも米がなくなって事件が起こるとか飢えがでるということがあるが、ふつうのばあいは豊富にある。

凶作のときに城下町の貧民が飢えて貧民の救済小屋が建てられ、おかゆをもらう人が列をなして並ぶということもある。これは商人の投機買いというのもあるし、領主も非常に投機的にうごく。とにかく領主は自分のところの米をいくらで売るかということで自分の経済が決まるわけだから。

米が足りなくなりそうだ、といえば、もう商人は米の売り控えをやる。あるいは買いだめをする。そうすると町にはどんどん米はなくなる、値は上がる。そうすると金持ちはともかく貧乏な人は米を買えなくなってくる。米はうんと高いものになってくる。領主も手放さないし、侍たちも給料米は凶作になると半分とか三分の一とかになるかも知れないが、それだけに自分の受ける給料米はなるべく高い値段で売りたいから、相場の上がるのをみて商人に売って金に換えるというようになる。だから侍も領主も商人も、米をもつものはみな売り惜みをするから、値はどんどん上がる、貧民はいよいよ飢えていくという関係が、城下でできていくわけである。農村にも米はないから一般の民衆はどうにもならない。

だから、ふだん余るくらいに米があるというときと、なくなったときは極端になくなるという形で非常に対照的に城下町にはでてくるわけである。江戸時代の落語で梅干し一個が三〇日おかずになるというのがあったと思うが、それは梅干し一個で一カ月のおかずをすまそうというほどの貧乏な人間でも、飯は食えるということだ。それから汁かけ飯とかお茶を買う金もなく、飯に湯をかけてかきこむ、これが貧乏の象徴になっている。農村の貧困というのとはわけがちがう。ふつうの農家でさえそんな硬い飯にお茶かけて食うというのはぜいたくな話で、そういうことになってくると、御触書とかぜいたくの禁止というのがたえずくる。ぜいたくの禁止令というのはぜいたくな着物を着るなとかと想像されるけれども、名主や庄屋が禁止令を受けたまわって農家の様子をみてまわるのはカマドをみて米の粒がどれくらいよけいに入っているかである。この米粒を多くするということがぜいたくとされる。それを少しでもおさえるというわけである。

二宮尊徳のことを調べたときに、尊徳が村をまわるときのひとつにみんなのカマドをあけてみて歩いている。そしてお前さんは米をよけいに入れ過ぎている、こんなことでは百姓としては将来いいことにならないよといい、米の量が少ないときはお前さんはきっとりっぱな人間になるよ、と言って歩いたということが逸話として書かれている。

他方では米に湯をかけて食うという貧乏人だって、米の硬い飯だけは食えるというふうな、非常に矛盾した状況なのである。

都市の優越感――米を通して醸成され――

このような城下町の意味というのは日本独特な現象だと思う。それがずっと明治になっても昭和になってもつづいて、現代の戦後強権供出がなくなって三十年代くらいになってから歴史上はじめて米をつくった人がまず自分で米を食べるようになった。

ところが都市のほうは依然としてそういう城下町意識があるから、米というのは少なくなればまず都会の城下町の人間が先に食うのがあたりまえだし、食えるのがあたりまえだというふうになってしまう。

都会の人間は田も畑もないし、食べるものがなければほんとうに困ってしまうという面もあるが、日本のばあい消費者のいろいろな団体が政府にデモをかけて米のことでいろいろ苦情をいう。いってみれば表現は悪いが、殿様のところにいって、もっと農民から取れということである。そして、米がこんなに取れるようになったのになんで値段を下げないいんだとか、直接農民との対話ということでなしに何でも政府の権力で農民をいじめる。ところが、今度は事情が変わってくると、なんであんなまずい米をつくらせているんだ、とやる。まずい米をつくっているわけではなく、米をまずくする事情というのはほかにたくさんある。商人がクズ米を混ぜるとか、四十年代の初めまでは外米をまぜて内地米といって配給して商人が儲けるとか、そういうことの責任を政府は農民に転嫁しているというわけだ。配給米がなぜまずいのかといえば、農家が多収穫本位のまずい品種をつくっているからだ、等等……。まずい米の品種がたまにはあるかも知れないが、米というのはほんとうはうまいものだ。

この都会人の感じというのは、昔の城下町の貧乏人ですら米の飯だけは食えたというところからきているように思う。

ところが、村のほうでは一町、二町とつくっている人でも、そういうぜいたくな米の食い方はしていない。こういうことを可能にしているのは、お城の権力である。お城の領主は城下町の民衆にとってはこわい存在であるし、時々悪逆非道なこともするけれども、基本的には、権力は農民に対してよりは自分たちのほうを大事にしているという感じはあっただろう。あるいは大事にすべきだという関係が歴史的にあるような気がする。

余談だが、現在、市民団体やなんかがそういう反省なしに食べもののことをいろいろ言う。これは、いわゆる「複合汚染」の問題でも、同じ面があると私は思う。一方的に農家を加害者にしていくことによって、とにかく農民を悪者にしておくと、都会では事がたいていうまくすんでしまう。政府のほうも、それで、なんだかんだとうまくごまかしがきく。

農家のほうは、人がいいものだから、複合汚染とかさんざん書かれると困ったりする。しかし好きで農薬を使っているわけではなくて、自分も危険を冒して使っている農薬だというのがわからない。市民も、過去の歴史を一度断ち切って、考え方を変えていかなくてはならないところを、ずるずると、なにかいいことをしているような、都会のほうが農村より上だというような認識、気持をもったままである。

はじめは都市に出たこういう次、三男の人も、うちのおふくろやおじいちゃんに申し訳ないなあと思って食べることではあるかも知れない。しかし何年かすると慣れてくる。おやじ、おふくろも死んでしまう。自分の兄貴が後を継ぐようになる。そして兄貴の嫁さんがいたりして、家に帰ってみると「ああよく帰ってきた」と言って、心から喜んでくれるようなおふくろやおやじもいない。一晩や二晩はおおいに歓迎されるけれども、何かの都合で三日、四日と長くいると、何か少し別の風が吹いてくる感じで、「やっぱり俺のいる所は村じゃなくて町かな」などという感じになってくる。そうすると、今度は町の人の、村に対する申し訳ないという気持が逆転していくというような移り変わりもあると思う。

野坂昭如さんが、「二代三代遡ればほとんどの人が間違いなく農家だ。たまにそうでない人もいるにしても……。そうでなくて、ついこの間出てきたばかりという人もいる。そういう人間でできあがっている東京みたいな町の連中が、なんでこんなに農業を卑下したり、農民を低くみるということになるのだろうか。自分にはとうてい理解できない」というようなことを言っている。

彼自身も、そういうことに気がついたのは最近で、農家の人と話をするためにぐるぐる回ったりしてみて、やはり接触してみないとわからないということがあったらしい。まあ、あの人は小説家で、派手にいろいろなことをやっている。田植祭りみたいなことをしてちょっといい気になっているのは少し余計ではないかという気がしないでもないが、都会の人間としてのそれなりの反省というものが、あのていどに、というとちょっと言い方が悪いが、ある。しかし、あのていどにさえしている人は意外と少ないように思う。インテリとか文化人の中でも……。

この逆転関係……。自分が白い米食っていて、つくってる農家の人が食ってないと申し訳ないというのが、やがて食ってる自分のほうが偉いというように思うような、逆転する関係が出てくる。もちろん私のばあいでも、直接農村から出てきたわけではないが、何代か経ているうちに、やはりそういう関係のひとつになってしまっている。

外国でも、そういう傾向はあるようだが、日本はとくに農業を卑しむ。士農工商、侍の次に偉いのは農民だと書いてあるけれども、ほんとうはそうは思ってないからそういう言葉ができるのではないか。ほんとうは、何も順序をつける必要はないと思う。どっちが偉いかなどということを考える必要はないのであって、同じだと思うことができれば一番いいのだろうと思う。

ヨーロッパなどでは国によってさまざまだが、農業が主要になっている国だということを大変重要視している面がある。フランスとか北欧の国々などはみんなそうだが、日本は、農業のウエートが高いということが非常に恥ずかしいとかねがね思ってきている。とくに、戦後の高度成長の過程の思想というのはそうだ。工業国にしなければ世界の一流とは言えないというような感じである。だから外国人がくると、農業の話はなるべく少なくしておいて、できるだけ工業の進み方を見せようとする。

その点、北欧の国では、農業をやって立派な農作物ができるということはむしろ誇りのようにしているから、農業関係のリーダーでも農業団体の人でも非常に堂々としている。自分の国の農業を語るについて、誇りをもって語っている。

どうも日本では、農業を代表すると言われている人たちの姿勢自体が、小さくなっている感じがする。それだから、たとえば農業の政策のことでも、経団連とか日経連とか工業のほうの団体が農業政策について何か言うと、もうそれに対してろくに反論できないでいる。工業のそういう発言に対して非常に弱い。全中その他、これだけ農家の強大な組織がありながら、農業はこうあるべきだなどと経団連とかが注文をつけると、みんな大騒ぎだ。むしろ逆に、農業のほうが工業はどうあるべきだと言っていいのだと思う。〝農業を大事にしないと日本は危なくなるぞ〟と、工業に文句をつけていい。そういう農業の側から工業のほうに注文つけるという話を聞いたことがない。全部向こうのほうからの注文だけだ。昭和四十年の前後の頃に経団連、経済同友会などが出していた「農業のビジョン論」を思い出すとよくわかるように、〝農産物でも安いものは輸入したほうがいい〟というような、〝日本の農業は過保護だ〟ということを言ったあたりから、それがはじまるわけだ。

貨幣との縁
――一層きつい明治の時代――

さて、明治になって、農家にとっての事情はどう変わっていったのかということであるが、最近いろいろに考え直しているところである。

農家にとって明治維新になってのいちばん大きな変化は、国の体制が変わったということよりも、租税を貨幣で納めるように地租の制度が変わった点にある。ところが現物の米で納めるより貨幣で納めるほうがいいかというと、必ずしもそうストレートにはいかない。

なぜかというと第一に、金には変わったけれど、旧来の徳川時代の年貢を下まわらないということを基本原則にしている。地租改正という租税制度を変える明治維新のときに――明治六年の制度だが――、地租改正で〝旧年貢を下まわらざる事〟というのが、まず基本の大原則になっている。この大前提のもとで、租税を金納化したわけである。

もうひとつは財政の収入を、徳川時代と同じ考え方から地租だけで考えた点にある。だから地租といっても、当初、山林は課税対象になっていないし、また宅地の地租というものもほとんどない。要するに、これは田畑から取るわけである。後になって宅地とかその他にも各種の地租がつくが、これはいずれにしてもたいしたことはない。そうして徳川時代と変わらぬくらい厳しく取りたてられた税金がいったいどこに使われたのかというと、今の大企業、大工業の育成にあてられた。

明治維新になってから、外国から工場を買ってきて、工業を国がつくる。国営工場というのをどんどんつくる。鉄工業でも、セメント工業、繊維の紡績工場、それから、早速兵隊に服を着せなきゃならないということで軍服のラシャ工業、そしてだんだん兵器の産業。これらは、みな外国からできあがった工場を、むこうの技術者と一緒にそっくり持ってくるわけである。そして一部は全くタダみたいな値で、江戸時代からの大商人にゆずりわたしていく。そういうお金というのは全部農民の払う地租で賄なっていた。

この地租というのは、所得によるランクというものがない。率はみな同じなわけである。田には上中下があるが、田んぼだと一反歩当たりの地価が当初四〇円ぐらいなもの。その百分の三が地租になる。地価は地方によっていろいろちがうが、そうすると、一〇町歩持っている大百姓でも三反しか持っていない人間でも、面積当たりの払う租税は同じなわけだから、小さい農家には非常に負担が大きくなるわけである。これは、昔の年貢の制度と同じだ。

なぜ年貢の制度で貧富の差が大きくなっていくかというと、大きい規模の農民に収入が多いからといって余計租税をかけるということをしないからだ。収入の多いほうに税率を高くかけず、みんな定率でかける。その年貢の制度をそのまま明治になってからやったわけである。今でも地租はそうだ。地租というのは、そうせざるを得ない。しかし今の地租＝固定資産税は、地方税で、国税にはなっていない。ところが当時、先に述べたいろいろな日本の産業を起こしていく費用とか、その他国の予算、これらはほとんど全部農民が負担させられた。それが定率で、同じ率で負担していくことになっていくわけである。

こうなると、米で納めるのを、金で納めるのに切り換えたほうがいいなどということはとても言えない。なぜならば、農民にはお金がないからである。だから米を金に換えなければいけない。そうすると、ことに初めのうちは、国も早く税金を取りたいものだから、最初二期くらいに分けるけれども早く納めさせる。米が穫れたら租税は納められると国は考えるから、すぐ納めさせようとするわけである。そうすると、農民はお金がないし、すぐ納めなくてはならないからというので、どっと米を売りに出すことになる。そこで、市場がだぶついて買い叩きにあう。安く買い叩かれる。だから旧来の年貢と同じ換算でたとえば徳川の時代に米一〇俵を年貢で納めていた人は、明治の初年に一俵が四円とすると、一〇俵分の四〇円を納めなければならない。明治の初めも、明治五～六年頃まではそうやって旧来と同じだけ納めていた。つまり、一〇俵納めていたとして、それはそのときの米価で四〇円に相当するということになると、地租改正で四〇円納めろと、言ってみればそういうことになる。

ところが実際には、四〇円つくるためには、一〇俵売ったのではできない。四〇円というのは、町の市場の標準相場で計算してくる。ところが農家の庭先で商人が買っていくのは、とくに秋の買い叩きにあえば、半値とまではいかないだろうが、四円の米が三円以上で売れることはまずない。もっとひどく叩かれるばあいが往々にしてある。明治の五～六年頃、そういうひどい目に農家はあう。ところが明治十年ぐらいになると、この米価が急に倍以上にふくらみはじめる、一石一〇円以上に。とにかく、そういったわけで、農民にとって、この地租改正の切り換えで、旧来の年貢よりも実際は余計米を売らないと税金が納められないという状況になる。明治六年に地租改正になり、明治六年から明治八年ぐらいまでの間に切り換えていくわけである。したがってそれから明治十年ぐらいまでの間の何年間か農民はひどい目にあうわけである。

地主とか大きな自作農はゆとりがあって売り急がなくてよいから、そうひどい目にあわずに、租税はお金で納めておいて米は値が戻ったら売るというようなことですんだ。だから大きな農家ないし地主と、小さい農家との間の貧富の差はますますひどくなっていくということになる。

畑で育まれた村の農法
——徳川時代そして明治——

変わらぬ水田の絶対性

そういう形で、急激に貨幣の動きの中に入ってゆく。以前は米はもっぱら年貢として取り上げられるばかりで、野菜を売るとか棉や麻を売るとかいうように、主として畑でつくったものを売る、それから裏作でつくったものを売るとかということだった。今度は、今まで一番大事だと言われていた米を貨幣に大幅に変えることになり、お金で租税を納めるようになったから農家は米が楽に食べられるようになったかというと、現実にはなかなかそうはいかない。大きい農家のばあいはいいかも知れないが。

そういう状況の中だが、農法に関していえば、水田耕作を主体にするという関係は依然として変わらない。同時に、旧来の年貢と同じように租税が考えられたということは、田んぼのほうが畑よりも二倍の収量があると見られたということであり、したがって租税が倍くらい高いわけである。これが、田畑の区別なしに、同じ程度に租税が決まるようであれば、多少は事情が違ったかも知れない。

とくに小さい農家は、地租改正の波に揺られてまた借金をして、金貸し、質屋、あるいは近くの既に存在している地主からお金を借りたりして、そのお金が返せなくなって、田んぼを抵当で取られる、質流れで取られるというような関係が出てくる。つまり小作になっていくわけだ。明治になると、どんどん小作地がふえていく。そうすると、地主は小作契約の中で、田には米をつくるというのと田んぼの形を変えないということを小作契約の共通した契約文とする。何番地の田、何反何畝といったことがずっと書いてあって、右に小作地として借り受けたうえは……「借り受け候上は」云々、候文になっているが、まずこの土地の形状を変えない、水路の流れを変えない、田んぼの脇に立っている立木を変えないこと、間違いなくお預りした土地を守っていくことを約束しますというようになっている。契約書とはいっても、契約というのは対等にやるもので、この小作契約は一種の誓約、誓うほうの面が非常に強い。

ともかく、そういうふうになってきて、田んぼというものを絶対に違う形で利用するということはほとんどできない。たまにはあるが、やはり水田の絶対性というのは依然として強く維持されている。そういう中で、日本では明治になっても、こういう徳川時代にずっと積みあげてきた農法で進んでいくわけである。

都会の工業は、国がみょうに手を入れて拡大していくが、農村には、国がまだ権力的に何か変えていこうということはあまりしていない。少し試みはするのだが、失敗してしまう。この明治の初めの農業政策を考えた人たちというのは、ちょっと変わったことを考える。どうも米ばかりつくっているのはよくないんじゃないか、外国へ行くと米なんてものはあまりつくってないと。まったくこれまた単純な見方なのだが、外国の作物——果物だとか、麻だとか（麻も日本でつくっていたのとは違う工業的に使える麻）、それから外国の品種の棉——主に、そういう加工原料になる作物をいろいろ持ちこんできて、東京に内藤新宿試験場をつくった。その試験場が今新宿にある新宿御苑。明治中頃、試験場は移設されて、その後、貴族の園遊会をする場所に切り替わるわけだが、それまでは外国の品種の試験場だったわけだ。

それでどんどん米をやめていって、田んぼもやめて、外国のような農業にしたほうがいいという、見様によっては非常な西洋かぶれだが、そういう変わった考えを持っていた指導者がいてそれを実行しようとするのだが、外国の品種を持ってきていきなり植えてみるものだからみんな失敗してしまう。この内藤新宿試験場がつぶれる頃には、おおむねそういう作物の試験も失敗して、駄目になってしまう。明治の中頃であるが、その頃には地主制度も急に強くなってくる。

そうすると、地主は議員になったりする。政治に対する発言力が強くなる。地主としては米つくりが一番いいから、農政を米つくり中心にもっていかせよ、田んぼによけいなものをつくらせるな、よけいなことを政府は指導しないで米つくりをもっとするように、と。そうすると小作料が六割、租税の分を含めて六割以内の小作料を取っているから収量がふえれば地主の懐に入る小作料もふえるということになるわけだ。したがって、もっと農業政策は米に重点をおけ、ということになる。そういう地主制度が強くなっていって、明治の三十年代ぐらいになると日本じゅうに国や県の試験場というものがあるていど整備されるが、その試験場の試験研究の主要な柱は稲作になってしまう。外国のいろいろな作物をテストして、あれこれいろいろな変わったものをやってみようというのは、ずっと後退してしまうわけである。

小豆島のオリーブのようなものは……、小豆島とははっきり書かれていないけれども、むしろ対岸の瀬戸内海沿岸だったろうか、オリーブ園というものを明治の初めにつくる。これもあまり成功しないわけだが、それでもこれが気候も場所も適合して小豆島にオリーブの栽培が今でも残っている。それから播州、兵庫県にブドウ園を国がつくるが、これもブドウ園としては失敗だけれども、植えたブドウは結局あるていど農家の人がやってみて普及していく。今同じ形のものが残っているかどうかわからないが、あるていどは部分部分に少し残っていると思う。

もうひとつ、北海道にはずいぶんいろんなものが残った。アメリカやヨーロッパ風の大農場経営をやるということで、家畜で引っぱるプラウだとか、そういう種類のものを外国から持ちこんだ。これを内地の畑で普通の農家に与えてやろうというのは無理な話だ。ところが北海道では、それが結構根を生やしたという面がある。北海道に家畜を主体にした大農場経営ができるきっかけは、明治初年の、初期の人々のものの考え方による面がある。クラーク博士の話があるけれども、それ以前の人たちで、北海道というのは少し特殊な点がある。

このようなことで、依然として水田を中心にし、明治、大正と、田んぼのローテーションと畑のローテーションをずっと複雑に組み合わせるようになってゆく。肥料つくりなどがいろいろな工夫が加えられて進歩していく。それから犂の形が変わる。もう少し深く耕すことのできる犂ができてくる。馬で引っぱる、いわゆる馬耕の犂ができてくる。

これは、ほとんど農家のおやじさんたちが工夫して、犂の形をいろいろ変えていくわけである。犂の形の変わり方がいろいろに言われるが、大きく言って犂は長床犂と短床犂に分かれる。長床犂は、犂床が平らで長い。ほんの一寸とか、一寸以下の深さで田んぼを犂いていく。これは耕起には使わない。広い意味では起こすのだが、いわゆる荒起こし用である。冬になる前に昔やった秋の荒起こしである。あの荒起こしは長床犂でやるばあいには、だいたい手でもって稲の株をひっくり返して、一冬晒しておくという形をとっている。あとは株をどけたりして——どけないばあいもあるけれど——乾田のばあいは水を入れて、牛を使って長床犂で浅く耕していく。その後、田植えの用意をしていくことになる。

このほかに、無床犂というのがあるが、これはちょっとヨーロッパ的な感じのする格好をしている。これは深く耕すことはできるけれど、深さを調節することはできない。調節するためには力で深さを同じにしなければならないために、あまり使いよいものではない。よほど熟練し、体力のある人でなければできない。長床犂から無床犂への変化の背景には、もう少し深く耕したほうがよいという農法的観点があった。

犂の工夫は九州でしきりに行なわれていく。だいたい中国、朝鮮から入ってきているものは、この長床犂の形のものが多いようである。それをさらにいろいろな工夫を加えて、犂床をうんと短くして、もう少し土の中に深く入るようにする。ところが深く土の中に入るようにすると、牛では引けない。それでこの短床犂は馬耕と結びつくわけである。馬の力で引く。馬は引っぱる力も強いし、スピードも速いし、深耕ができる。ところが、馬は水の溜っている田んぼでは歩けない。馬を使うためには、田んぼを乾田にしなければいけない。だから湿田の地帯には、これは非常に入りにくい。また、これで少し田んぼを深く耕しすぎると、田んぼの床を壊してしまうということがあって、どこへでも短床犂がすぐに入っていったということではないが、大きくはこういう方向だった。田は畑と違って、深く耕せば耕すほどいいとは必ずしも考えられていなくて——現代の考え方はいろいろ変わっているかも知れないけれど——比較的浅い作土の中で根を張らして稲をつくるというのが従来からの方式であった。

犂の工夫もいろいろで、この長床犂から短床犂、無床犂になっていく過程は明治の時代のことで、これはみな民間の農家が工夫して、鍛冶屋さんや木工屋さんであれこれ造ったりして工夫されていくから、実は各地にさまざまな犂の形がある。つまり各地で自分で考えたということである。そういう、統一はされていないけれども自発的に造られた農法的な性質のものが多いという点は評価してよいと思う。

「農書」にあらわれた農法

草や糞尿の腐熟化

徳川時代になると、山から草を刈ってきて、それをただ入れるというようなやり方は少なくなるが、それでも生の草を鋤き込むとか、田んぼに踏み込むということはずいぶん行なわれてはいたらしい。それが、しだいに草は積み肥に、堆肥にしてから入れる。よく腐らせてから入れる。それから人糞尿をかけて使うというようなことが普及していくわけである。

徳川三〇〇年を一〇〇ずつに分ければ、初めの一〇〇年くらいの肥料のやり方というのは、堆肥を腐熟させて、それを入れるようになっていったと見ていいようである。

それから人糞の使い方も、『百姓伝記』という――三河（愛知県）で書かれたと言われている農書――農法の仕方を書いた本を見ると、土を掘る、掘ったら粘土のようなしっかりした土を持ってきて、まわりを固く突いていく。底や壁を固くついて、そこに糞尿をいれて溜めるという。そういうことをするといいと、しきりに書かれている。

また「厠の整っていない家ではこうこうしなされ」と、いうふうなことも書いてある。つまりこれまでは川の流れている所に、上にトイレのようなものをかけておいて、そこで用をたしていた。糞でも小便でも川に流してしまうということが、日本では古代からずっと続いていたらしい。それでトイレのことを厠（かわや）というのだと歴史家が言っているが、ほんとうかどうかわからない。

だが、そういう形から土の中に溜めて使う形への切り換えには、ずいぶん時間がかかっての工夫だったらしい。早いところは万葉の時代に、人糞尿をこやしとして使うという記録も若干あるようだが、肥料のそういう歴史を見ると、やはり中世から徳川時代にかけて、本格的に、積極的に溜めてよく腐らせ、その色合いを見て一番いいのはこれだということで、それを水で薄めて使うというふうに人糞尿の使い方がはっきりしてくる。それがみんなの常識になってくるには、ずいぶん時間がかかったらしい。

余談であるが、日本では人糞尿を使うというので外人が驚いたという話があるが、イギリスで、一八〇〇年代というからそう昔のことではないが、町から農村へ人糞を肥料のために運んでいった。実を言うと、協同組合の歴史を調べると、それが出てくる。農協ではない。農協というものはヨーロッパにはない。協同組合運動を起こしたロバート・オーエンという人がいて、この人は一八〇〇年代の初め頃に活躍した人だが、その人がそういう仕事に携ったことがある。人糞尿を使うということが、どのくらい広がっていたかはわからない。ともかく、日本でわれわれが集まって話の出るときには、人糞尿というものは、これだけは日本古来の常識的な肥料だったろうと思いがちだが、長い間それを捨てて、草を刈って鋤き込むということが続いていたらしい。ただイギリスでも使ったというが、あまり一般的ではなかったようだ。ヨーロッパの学者が明治の頃の日本に来て、日本では人糞尿を非常に有効に肥料として使っている、こういうすぐれた人糞の使い方があるとは思わなかったということで、むしろ日本人を優れた知恵の持主だというふうに書いてもいる。

それを普通外国から見に来ると、汚ないという認識で通る。とくに第二次大戦後、非常に非衛生だ、人糞を使うのをやめさせろという占領軍の圧力が非常にあった。というのは、占領軍が日本に来て、野菜など日本でつくったものの供給をあるていど受けなければならなかったからである。アメリカ軍は人糞なんか使ってつくった肥料は汚ないからダメだ、野菜はダメだというので、府中で独自の野菜をつくる。それも、今言うところの、礫耕栽培というような、水耕栽培のようなことをやる。水耕とか水培養とかは、ポット試験だったら戦前からもあったが、実際に食用にするためにやるというのは、日本の農学者には想像もつかなかった。それで東大の農学部の先生も見に行ってびっくりして——昭和二十年代の初めだ——それで錯覚を起こした。つまり、先進国の農業はみんなこれになりつつあると思ったらしい。私がたまたま大学に出入りしていた頃、そういう雰囲気だったのを覚えている。そのへんから、土を利用する農業は遅れているんだという認識を日本の学者が一転して持つようになったらしい。これに限らず、非常に外国の影響を受けやすいという日本の学問の体質がどうもある。それで、これを目標に研究しなければいけないという感覚はずいぶんあったし、あるていどそれが今日まで影響を残してきているのではないだろうか。最終目標はそれなんだ、土を使わない礫耕栽培や水培養である、と。

話をもとに戻すと、『百姓伝記』に牛馬の糞の使い方があって、これがとてもおもしろい。牛でも馬でも畜舎を四間四方にし、馬のばあいは板壁を厚くしっかりつくらなければならないと書いてある。ことに馬のことがよく書いてある。そこに全面的に草かわらを敷いてその中で、運動できるようにしなさい、馬が自分でグルグル歩き回って糞をし、小便をして踏み固める、そして糞をしたらまた敷き草を入れなさい、またその上を踏んで歩いて行く、あるていどの高さになるまでそれを続けよ、というようなことが非常に丁寧に、いろいろな角度から書いてある。厩肥のつくり方とでもいうのであろうか。

日本では、徳川幕府といった上の権力者も、ときどき農政、農業技術に指示を出す。他の国では割合少ないのではないかと思う。たとえば、幕府の出した「慶安の御触書」に、家畜の敷草はそのまま畑に入れるのではなく、もう一度積みあげ、よく腐熟させてから使うべしというようなことがずっと書いてある。これは、徳川幕府に仕えている学者がたくさんいて、彼らがたとえば中国の農書から技術をひっぱり出してきて技術政策として下すわけだ。代表的なものでは『農政全書』というものがある。古い古いもので、日本でいえば古代の頃のもの。それが徳川時代の頃にようやく読まれるようになって、その中から盛んに抜き取って、こうしなさい、ああしなさいというような技術政策を出す。

そういう上からの政策というものもあるけれど、他面では、この時期にもうかなり家畜を役畜として飼うことが普及してきている。小さい農家は飼えないが、少し中くらいの農家は飼っている。ところが、その家畜の糞尿をまだ充分上手に利用できていない。堆肥と人糞を有効に使うようになっていくのがこの時期である。徳川前期からはじまって中期あたりまでには、すぐれた堆肥にして使う、あるいは人糞をよく腐熟させて施すという技術が農法として整ってきたという気がする。

「会津農書」にみる畑の農法

その次に、『会津農書』という本には、今の肥料のやり方や作付けの前後関係をめぐって書かれている。『会津農書』は徳川前期の終わり、前期から中期にかけて書かれている。その著者は、福島県会津若松の近くの名主の家から分家した耕作地主である。前章で話したように、侍が中世に居ついて偉くなり徳川時代にそのまま名主になって、いつも指導的地位にあった人、その人が徳川時代のある時期に分家を出した。その分家が、初めはどのくらいかわからないが田畑六〜七町という から、分家を出した本家というのは五〜六町歩はあって、出す前はもっとあったのかも知れない。それはともかく、著者は、耕作して半分は地主という人である。その人が農耕のことを書いたのが『会津農書』である。

たとえばソバのつくり方を見ると、〃小麦あとか、かいば大豆(エサ用の大豆?)あとか、ササゲあとにまくのがよい〃と書いてある。つまり、ソバは、小麦かエサの大豆か——エサの大豆というから青刈りなのであろう。自信をもっていえないが、青刈り大豆という方式は昔からあったと考えていいだろうか——、ササゲのあとにまく、と。ソバの、そういう前後関係があるわけである。それから〃ソバの中に大根種いずべし〃。大根の種を混ぜて入れる、〃大根少し取れるなり〃……。播き方も、馬糞を入れて畝播きにする、要するに馬糞をふせ込んで畝播きにするとか、いろいろである。あるいは粟のつくり方として、〝大麦の中に播くべし〟。この大麦の中というのは、大麦がもう立っているときである。先ほど言ったのはソバと大根の種を一緒に混播しろということだったが、今度の粟のばあいは、大麦は冬のものであるから時期からいっても〝大麦の中に播くべし〟、である。〝畝播きするならば、麦刈りて後に播くをよしとする〟。畝播きをするなら、麦を刈ったあとに播く。〝粟を播き節〟、播く季節は四月から四月中旬――そういうようなことが書いてある。

それから、こういうのもある。〝畑作で返しづくり善悪〟。〝返しづくり〟というのは連作である。返しづくりをしてよいものは、〝大根、キュウリ、イモ〟。イモは、サトイモのようである。さらに、アイ、大麦、小麦、ソバ、エゴマ、タバコ、大麻、アサツキ。アサツキは鰹のたたきなんかにつけて食べるとうまい、あのアサツキだ。返しづくりのよきはということで、今あげたようなものがあげられている。今日の常識で連作してはいけないとされているものがあるかどうかわからないが、そういうこと自体の研究はまたいつかやりたい。

それから〝返しづくりの悪しきは、ごぼう〟。このころいわれているのでは〝ウリ〟〝ナス〟。やはりいい線だ。〝大豆、ヒエ、キビ、粟〟。

明治の「農談会」

米でさえ連作をきらう

明治十四年に、明治政府が日本の各県の農家の中から代表を二〜三人ずつ集めて農談会というのをやっている。各県の推薦なのだろうが、純然たる農家である。「政府が呼んだって、俺ぁ行かねえ」というつむじ曲りの人もいるのではないかと思うが、ともかくそういう人たちが集まって農談会というものを開く。この農談会はおもしろい。ともかく非常に筆の早い書き役がいて、しゃべるのをどんどん書いていったのが残っている。二回ほどやったのだが、そのうちひとりの農家の発言に、冒頭次のような言葉がある。

「諸作物ハ総テ年々同地ニ播種スルヲ好マス 然リト雖モ 我愛媛県下伊予地方ノ如キハ土地狭隘ナルヲ以テ止ヲ得ス米麦ハ年々種子ヲ同地ニ播種ス……」

なぜこういうことをとりあげたかと言うと、私はここを見て、非常に驚いたことがある。それは何かと言うと、土地が狭い、そこでやむを得ず米麦は年々同じ所にまかなければならない、麦はともかくとして、米である。米はだいたい田んぼにつくるわけである。畑の米のことも言っているかも知れないが、田んぼに米を毎年つくる、同じ米をつくることは、ほんとうは気持の中ではよくないんだと、この人たちの体験で言うとそういうことなのである。米でさえ、できれば連作はしないほうがいいんだというわけだ。しかしやむを得ず同じ地にまく、というこの言い方をいろいろ考えてみると、徳川時代、田んぼは農家の利害損得、好みのいかんにかかわらず絶対的に米を植えなければならないと決められてきている。ところが、この農家の人たちの頭の中では、田んぼを含めて、すべて耕地に作付けするものは順々に植えるものを変えていくのがいいという気持がずっと潜在的にあったという感じがして仕方がない。

「諸作物ハ総テ年々同地ニ播種スルヲ好マス」というわけだが、ていどのちがいはある。ほんとうに連作はダメだというばあいと、つくっても一応無難に行けるというばあいがある。それからもうひとつ、つくってもいいけれども、同じものを連作してもいいとは限らない。それはなぜかというと、連作をしてはいけない作物がたくさんあるとして、連作をしていけない作物は植える場所を見つけなければならない。そうすると、一定の米なり麦なりが植えてある場所があると、そこは使えないわけだから、順繰り回っていく場所が狭くなるわけである。狭い所でつくり回しをぐるぐる回転していかなければならないから、融通が非常に効かない。

同種の発言例を二〜三あげると、これは栃木県那須の人であるが、「下野国九郡中作ニ種々慣行アリト雖トモ概ネ水陸田圃共ニ昨年ノ作毛ヲ今年作リ返スヲ嫌フ……」となっている。その次は伊予の国。「米麦蔬菜多クハ連年同地ニ同種ヲ播種スルヲ嫌忌ス故ニ我地方慣行トスル所ハ……」。この、同地に同種を……という意味の解釈は、いろいろにとれる。品種を変えたほうがいいという意味か作物の種類か、これは何とも言えないが、だいたい同じ作物の種類だろうと思う。そういういろいろな発言の中に——今では米をつくっていることを、連作などといわない——わざわざ連作という言葉を使うのは、連作障害とか忌地が意識にあるからで、今はそういうことを全然考えないから連作と言わない、あたりまえのことになっているわけである。

そうすると、昔が間違っていたのか、よけいなことを考え過ぎていたのか、そこが問題になる。

田と畑を自由に使えたら

日本の農民が、長いこと確かに米はいい——殿様に取られるよりは、あるいは取られたにしても、残った分はなるべく食べたいと思うくらいに米の魅力は強いもので、確かにいい食べものだと思っていたと、今のところ私は思っている。だが、もしも自分たちが食べる分だけつくればいい、あるいは少し売る、殿様に若干収めるという具合に、田んぼというものを自分の思うように使っていい、ということになっていれば、自分のものとしてはっきり取り返すことができていれば、一町歩の人が五反も六反も田んぼにして、これを何代も何代も絶対に動かさずにずっというということにはならなかったかも知れない。殿様がいばっていて、税金をたくさんよこせと言っても、それがどんな形でも出せばいいということであれば、そうはならなかったかも知れない。

自分の家のために一〇俵、一〇俵で足らなければ二〇俵くらい米を置いておけばいいわけだ。そうすると、それに必要な面積が割りだされて、湿地で畑地にならない田んぼが昔はずいぶんあるわけだから、〝これだけはひとつもっぱら米だけに使っていくことにしよう〟、畑地になるような裏作もできる表作もできるような所は、〝もっと畑と入れ換えて使っていこう〟というようなこともありえたのではないか。

たとえば、徳川時代から例外的に田に畑作物を植えてきた地域がある。大阪は兵庫県寄りが昔の国で言うと摂津、少し大阪のほうへ入って来て河内、和歌山県のほうへ降り加減の所で和泉となっている。徳川時代に河内という所が、棉つくりが非常に盛んになる。もう村の耕地の八〇パーセントぐらいが棉だというから、ほとんど全面的に棉がつくられている時期があった。そういう所は天領で、田方棉作といって、田で棉をつくることを徳川幕府が特別に認めたわけである。一般的にはつくってはいけないのだが、棉を城下町に供給しなければ侍の着る衣類もできないから、そこだけ棉の特産地にする。そのばあいには地目は田であるが田んぼを乾かして畑のようにして棉をつくる。

ところが明治になって、明治政府の政策で棉つくりがすっかりダメになったときに、そういう棉つくり農家はひどい目にあった。いきなりインドとかエジプトとか中国の綿が入ってくる。安くて繊維の長いメリヤスにする機械にかかりやすいものは日本でできなかったのである。日本のは、もっと繊維が太くて短い、弾力性があって硬い、弾力性があるから硬い。布団の綿や、反物を織るにはいいが、メリヤスみたいな柔らかなものはつくれない。それで外国からいきなり輸入して、日本の棉作を全面的にダメにしたわけである。いいだろうと思ってつくっていた棉作農家は、それで肥料代も払えず借金も返せずどんどんつぶれていって小作農になる。土地を手放していって、大阪は、明治二十年代の頃に、日本で二番目ぐらいに小作地の割合が多くなってしまった。小作というと東北の話のように思うかも知れないが、東北などより小作地の割合が高い。一〇〇町歩のうちの何十町歩と、五割くらいまでが小作地になってしまう。五割を越したのは香川県がいちばん早く、次が大阪という具合である。それはともかく、棉が駄目になってどうしたかというと、大阪近郊であるからいろんな野菜をつくる。その野菜は田んぼにつくっていくわけである。とくに果菜類のような連作障害のあるものは、田んぼにナスやキュウリをつくって翌年米をつくる。そして二年くらい米をつくれば次の年にナスをつくってよろしいというような、今ではわりに常識になっていることを大阪の人はずいぶん早くやりはじめるわけである。田んぼに米をつくることをやめるわけではなくて、順繰りにそれを使っていって、生活面でもいくらか回復していったりする。そういう体験を持っている西日本の人たちは、水田というものは米以外に絶対つくってはいけないということについてある種の疑問をもつわけである。おそらく、東北のほうに来ると、疑問の余地がないくらいに水田は米、というように頭から決めてかかるという具合になる歴史があったかも知れない。地域によっていろいろ違うと思うが、そういうことがあるということを、ひとつ念頭において貰いたいのである。

畑の作り回し

さて、畑についてだが、これもいろいろなことが言われている。好むとか好きとか嫌いとかいう言葉が盛んに出てきているが、徳川時代でも、好むという字が作物にはよく使われている。好むというのは、その前、あとにつくるのを好むという意味である（反対に、嫌うとか忌むとかいう言葉もある）。

何のあとには何がよい、というばあいでも、積極的にこのあとはこれをつくるという言い方をするばあいと、このあとにこれをつくるのを常とする、普段これをつくる、とくに非常にいいとは限らないけれどつくるのがあたりまえだとか、そういういろいろなおもしろい使いわけがある。たとえば、西山真太郎という人の言葉。「大小豆及び烟草・麻・藍等ノ跡ハ最モ大麦ヲ良トス」。こういう言葉がある。続いて「早稲及ヒ粟・稗・荏(エゴマ)ノ跡ハ小麦ヲ以ッテ常作トス」。このばあいは、麦は秋にまくわけだから夏作のあとの、夏作と冬作の関係を言っているわけである。次に「草綿・甘藷ハ毎年同圃ヲ好トス」この場合好むという字が出てくるということは、棉と甘藷は毎年同じ所につくったほうがいいということを表現している。つくってもよろしいというよりは、毎年同じ所がいいと積極的に連作を勧めている。そういういろいろな細かいニュアンスが、微妙に出てくるわけである。

あるいはまた、冬作に大小麦以外のものを播くばあいについての慣行として、「大小豆跡ヘ蕎麦ヲ蒔キ其跡及ヒ粟・稗・早稲・里芋・藍ノ跡ハ冬鋤ヲナス翌年又鋤返シ麻畑トナス」。麻をつくろうとするときは、冬は休ませるということらしい。だから、麻で着物、反物をつくるのに、年々か何年かにいっぺんずつ麻を一定量つくる必要があるというので、あの畑には来年麻をつくろうと思うときには、今年からもうそれは考えているということでもある。そうすると、麻の前の畑にはこれこれがよろしいとなってくるわけである。

いろいろあるわけだが、その西山氏のその作付けの順序を図にしてみる(一七七ページ)。

まず夏に大豆を植える畑がある。大豆のあとにはこれがいい、これがいいという言い方もいろいろあって、大きく分けると、大豆畑の翌年に麻をつくろうという所は、冬は休閑にして休む。日本で休閑、冬畑につくらず休めというのは、実は私はこれで初めて知った。現代はもちろんそういうことはないと思う。麻をつくるには冬は休ませておく。その前は大豆で豆だから土はかなり肥える。それでなお一冬休ませて麻をつくるということは、麻にはそういう土壌の要求、肥料の要求があるわけである。

この人たちの発言でずっと見ていくと、どのばあいに肥料をたくさん入れるということをあまり言わない。堆肥なり人糞なりだいたい同じ量を用意して施している。それでたくさん肥料を食う作物と、あまり食わない作物を順繰りに変えていくことが、もうひとつの要素にあるわけである。

それからいわゆる忌地的な連作障害との組み合わせが実に複雑にある。非常に頭のいい人たちが昔農業をやっていた、いや今でもそうだろうと思うが……。だが今はあまりそんなことは考えないで、それだったら肥料を（昔は三要素だったが、今では十幾つくらいの要素を）たくさんやっておけばこの連作は大丈夫だというわけである。

さて麻をつくるほうに行ったばあいには、麻の次には大麦がきて、大麦の次には里芋がきて、そしてその後にはエンドウをまき、という順になっている。大豆の次に大麦をまいたばあいには、大麦を播いた畑には、夏に粟を播いて、こうしたらいい、ああしたらいいとずうっと大きな表にしてつなぎ合わせて行くと、こういうコースが出来てくる。

畑の作り回し―幕末～明治―(下野国鍋掛駅,西山真太郎氏の畑の場合)

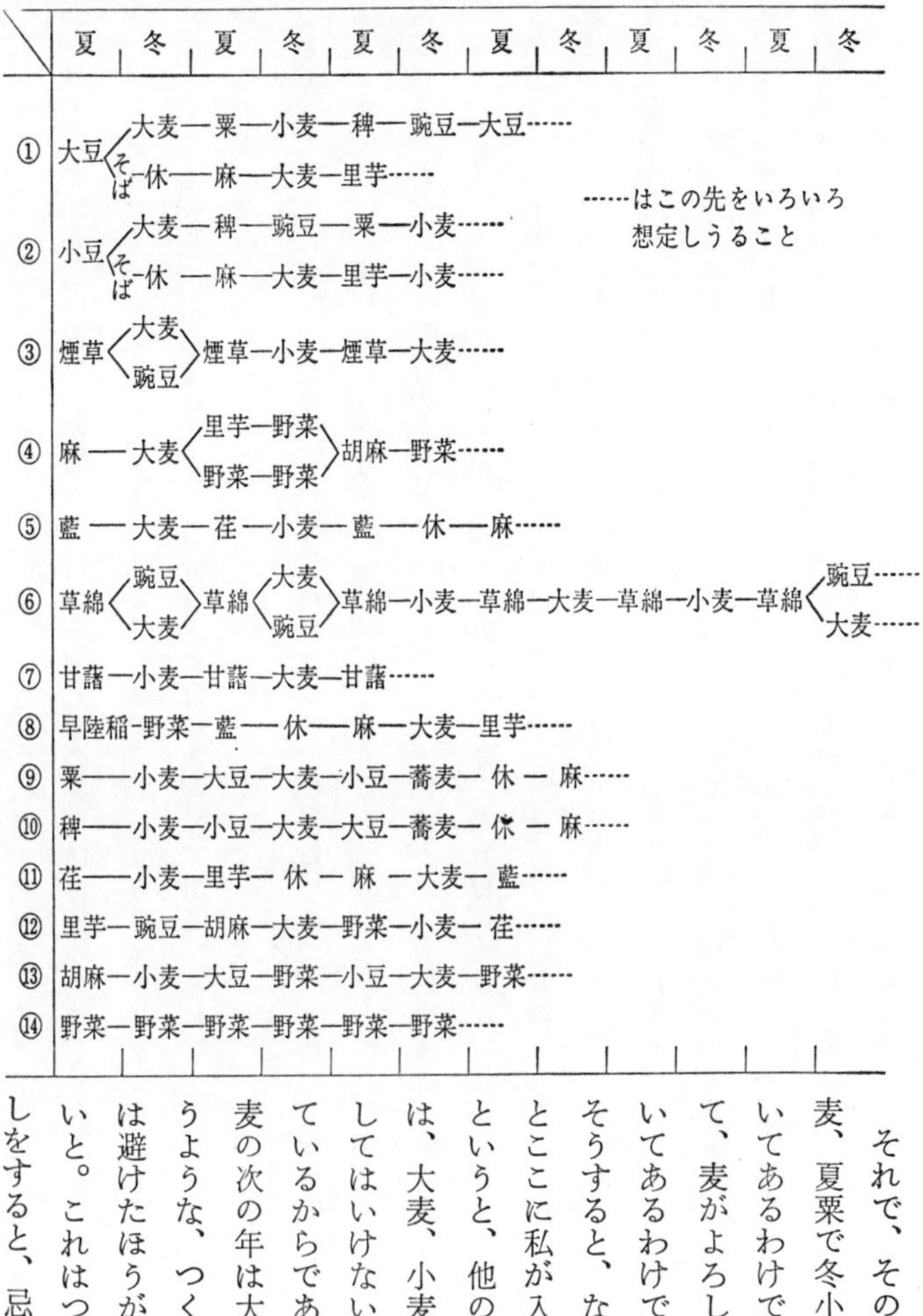

それで、その①の小麦、夏粟で冬小麦と書いてあるわけではなくて、麦がよろしいと書いてあるわけである。そうすると、なぜ小麦とここに私が入れたかというと、他の場所では、大麦、小麦は連作してはいけないといっているからである。大麦の次の年は大麦というような、つくり返しは避けたほうがよろしいと。これはつくり返しをすると、忌地のよ

うな障害が起きるからというのではなく、大麦と小麦では畑の使い方が違うからだ、という。根の形とか深さとか肥料の吸い取り方が違う。だから同じものを夏作に続けて植えておくと、土地の性質がぐうっと片寄ってしまうというようなことから、麦ならば、去年大麦を植えた畑は小麦にしなさい、麦が欲しくても小麦にしなさい——こういうふうなことなのである。それで大麦を入れることはできないから小麦になる。

次はヒエだ。前の年アワをやった所は次の年にアワはいけないので、ヒエにしなさい。それからエンドウ、大豆と、こういうふうになってくる。同じような形で、もうひとつ②の畑では、小豆のあとに同じ組み合わせが入る。③の畑にはタバコが植わっている。タバコのあとは、大麦またはエンドウで、その次にタバコ。このばあいはタバコは連年つくる。これは、当地が「烟草ハ銘葉著名」——つまり特産地、銘柄のある葉「ノ地ナレバ年々同地ニ植ユ」というわけなのである。ここでちょっと商業意識が出ているわけである。つまりタバコは毎年植えるほうがいいとは限らないが、でも、まあいい値で売れるから、これはつくったほうが得だと、そういう意味なのだろう。

こういうのが一軒の農家にバァーッとできていくわけである。そのひとつの農家が、一番無難に具合よくつくる順序を、例えばどういうようにやっているかを組み合わせていったのが先の図である。これは一四まで番号がついているが、一四の組み合わせの例があるというのではない。一軒の農家が自分の畑を最小限一四に区分けして使いわけている、ということである。あの次にこれ、この次にはこうしなければとたくさんのことを言っているが、この那須郡の畑で農家の人がそれらを守ってやっているとしたばあい、守ると言っても別にきまりがあるわけではないからみんな常識として守っていたわけである。そして一年目、二年目、三年目と、ずうっと組み合わせが変わっていくわけである。

品種の組合わせ　私がいろいろ確かめた例によれば、味噌は毎年つくっていたのではなくて、何年かに一ぺん、地方によって三年とか四年とか、味噌がなくなる三年くらい前にどかっと仕込んでおいて、そしてそれを食べていくのが実際だったらしい。そうすると、その年にはえらくたくさんの大豆が必要になるわけである。そういう年に、味噌にこれだけ大豆が必要ならば、もちろん味噌以外にも必要なわけだからそれも計算して、どれだけの面積が入用だということになる。すると大豆の畑が、自分の畑の何十パーセントかを占めるということになってきたりするばあいもある。

普通の年だと、麦類と豆類をそれぞれこのくらいはうちで収穫して持ってないと食べるのに困る、とにかく米のほうはあまり主食として頼りにならないし、おのずと面積の割合もあるわけだから、全部の作物を同じ面積で順繰りに回していくのは楽だけれども、麦や大豆はたくさんなきゃいけないし、米もたくさんなきゃいけないし……。そうすると一〇種類も二〇種類もの作物を上手に順繰りに回していってマイナスがないようにするためには、非常に複雑になって図にするとこのようなものになるが、実際はこれよりもっと複雑なのだろう。私が整理するとこうなるけれど、現実にみなさんが、自分のうちで食べる野菜とか何とかつくったりするばあい、みなさんの頭の中ではこれに近いことを自然にやっていると思う。

ソラ豆は、昔の人たちの話によると、だいたい五年に一ぺんくらいしかつくれないといっている。しかし、ソラ豆は一番土地を肥やすと見ているようで多くの人が、ソラ豆を重要な裏というか冬の作物としてあげている。ソラ豆というとビールのつまみぐらいにしか考えないが、かなり主食的な役割、あるいは混ぜて食べるという意味あいを持っていたようである。岐阜県の人も、ソラ豆を五反ぐらいの畑のうちのあっちの畑こっちの畑を合わせると毎年一反ぐらいはつくっている。それから田んぼの裏作にもできるだけソラ豆をつくりたい。ところがソラ豆は五年に一度しか播けない、ということになると、間の年には麦であるとか、あるいはナタネ、さらにもう一つクナ田といって冬は何も植えないという方式をつなげて一回りする。

そして、どこかに書いたかも知れないが、ソラ豆の後の田んぼには、晩稲をつくれというのである。これはかなり全国共通で同じように言う人が多い。そして稲の晩生は、一番いい米がとれる。収量もいいということなのだろう。早生が一番いけない。味もよくないし、収量もよくない。早生をつくるのは、ちょっとした捨てづくりの気分で、とさえ言っている人がいる。今では早生というのは圧倒的に多くなっているが……。晩生をつくるばあい、その前はソラ豆が一番いいわけである。つまりソラ豆の翌年に晩生をつくる、これが最も理想的な田んぼの使い方だと、なってきているのである。それはなぜか。晩生はこやしを非常にたくさんいれなければならない。しかしこやしをたくさん入れるといっても限度がある。だから、今のような知恵を働かすというようなことになるわけである。もちろんそれは裏作のできる田んぼの場合であるが……。だから、ソラ豆と晩生の結びついた田んぼが、一〇枚なら一〇枚あるうちの二枚くらいが一番理想的になる。そこにまるで勝負を賭けたくらいの一番理想的な米つくりが行なわれる。そして中生を晩生の間に入れていく。晩生の後にもう一度晩生をつくると失敗が大きいと言われている。

ここにあげた図は、畑だけについて扱っているが、実はこのように田んぼのほうにもうひとつそういう組み合わせがあるわけである。畑と田んぼを一緒のつくり回しに組み込むことができないから、われわれの先祖は畑ではこういうふうにつくり回し、そして田んぼではというように、非常に苦労して早中晩の順繰りと、それから裏作に何をつくって一番有効に使っていくかということを考えだしてきたのである。

結局田んぼと畑は別々な——基本的な考え方は同じだが——ローテーションをつくっている。田んぼは米と限定されている。それでも米には少なくも早中晩の三種類ある。それから早中晩のなかでもそれぞれ品種を使いわけることができる。それだけの理由ではないが、日本の米の品種はかなり数が多くなったと思うのである。

品種の豊富さの意味

米の品種統一は合理化のために必要なのだと私自身思い込んでいた。ことに、国営検査でも品種がいろいろあるのを嫌うが、ライスセンターということになると我然品種は統一されてないといけない。もうひとつは、米の端境期の早場米の供出はできるだけ早くということで、品種はできるだけこの品種で早くつくっていく。しかも保温苗代で、保温折衷、畑苗代と、できるだけ作期を早くして穫るというように、ぐんぐんつめていった。政策的にそういった要請が出る。そういう過程の中で、私も正直言ってそれがいいのだと思っていた。そして米の品種が何十種類もあると言うと、それはずいぶん遅れた話、としてうけとめたものである。

しかしよく考えてみると、品種というのはあるていど多くないとダメで、多いということのほうが必要なのである。程度問題ということもあるかも知れないが……。〝米の品種が何十種類あるということは愚かなことだ〟と、ばかにしたような調子で技術者なり学者なりが——私も学者の端くれだが言い逃れをすれば、私は作物の学者ではない——言っていることをよく検討しないでよくわからないまま尻馬について言っていたわけである。いや、それがもっと程度が悪いのかも知れない。

まことにお恥ずかしい話であるが、非常に複雑なもので、今の近代主義のいう合理化は、何でも手間を省く、それから数を少なくして、整理して大量生産に、要するに自動車、テレビみたいな物と同じに考えて、ベルトに乗る同じ形のものでなきゃと考えるわけである。

ほんとうの意味の合理性は、かえって昔の人たちのほうが、ずっと緻密に頭を使ってつくりだしていったのではないか。決して愚かだから、たくさんの品種を使っていたのではない。

それは品種の性質がわからなくていろいろにつくって試してみるということはずいぶんあっただろ

う。そして失敗もたくさんあったと思う。だがなぜか同じ品種というものは、一〇年、二〇年と同じ地域でつくっていると、だんだんすたれていって違う品種が出てくるという面がある。つまり、農家の一代のうちに一回か二回の品種の更新、完全な更新でなくても、それまでになかった新しい品種が少しずつ入ってきて、一種の品種の代謝みたいなものがあったようである。どんなに絶対的によいといわれていた品種でも大正、昭和の頃でみても、二〇年とは続いていないようである。ふつうは、一〇年くらいが多いといわれる。

昔の稲の品種でいうと、東北のほうでは「亀の尾」などはものすごくよい品種であったが、やがてすたれてゆく。これは農林省が出てきて、もっと違う品種を奨励したということもある。けれども、農林省のお墨つきでこんなよい品種はない、確かだという「陸羽一三二」などでも――適応する地域も意外と広くなかったようだが――ずうっと移り変わっていく。西のほうで言うと「神力」とかあるいは「朝日」。これは、歴史上最も普及の広い品種だと言われたけれども、「朝日」全盛時代というのが大正の終わりから昭和の初めにかけてで、結局統計で見ていくと一〇年で消えている。同じ血は残っていても、別の血が入ったもので残る。ずっと同じ品種のままで、一〇年でも二〇年でもこれがよいという形では続かない。このへんの説明は、誰もできないのではないかと思うが、農家の人は長い体験の中で絶えず人から聞いたり貰ってきたりしていたのではないか。人の田んぼを見て〝あっ、これはいいな〟と少し貰ってきたりいろいろしながら、けっきょく、いつも相当たくさんの品種を用意していなければならない。これはもう、「ならない」ということになったのではないかと思う。

今は、そういう品種などでも、いろいろな関係、プラスマイナスというものは、肥料や農薬などで人工的に調整してしまう面がある。〝あの品種をしばらく使っていたら、どうも病気に弱くなってきた〟というようなことがあると、昔ならば違う品種を考えたものが、今ならば〝なら農薬で片づけちまえ〟ということで終わってしまう。そういう面がある。今やっているというわけではないが、福岡などでもやはりよその村と、同じ品種でも時々種を交換しあうということは習慣として――種苗交換会というきちんとしたものではないが――徳川時代からあったらしい。

日本型ローテーション

日本でローテーションというと、あれは外国のものだということになっている。日本の学問の世界でもそうである。日本にはローテーションはないというか、〝ローテーション、あれはヨーロッパのものだ〟、ということが常識になっている。

ところが農書や今述べてきたようなことをずっと検討してわかってくることは、ないのではなくて、日本のばあいには、村とか、ばあいによって部落ごとに作物のつくり回しのやり方が違うということなのである。九州と秋田ではもちろん違うし、同じ秋田県でも内陸と日本海沿岸のほうとでは違う。もっと言うなら、同じ村でも、あっちの部落の人に聞くとこれをこうつくっているとか、こっちの部落に行くとこうだとかというように、非常に個別に、みんなそれぞれに長い歴史の蓄積の中でつくってきているものがある。これをずっと整理してみると、あるていど共通しているものもある。しかし、きちんとはいかない。だから、ないと思われてきたのであって、ヨーロッパのばあいには、前節で述べたように三圃式農法からノーフォーク式農法と非常にきれいな、割合にヨーロッパに共通なローテーションの図式ができる。それだから、〝ああヨーロッパはローテーションだ〟と言っているわけだが、ヨーロッパにしかローテーションがないというのは実に単純な物の見方だと思う。日本にはこんなに複雑な、きめの細かい、精度の高いローテーションが農家の工夫でつくり出されてきたのである。これは明治の初めの人たちの話である。ということは徳川時代にここまでの精緻な緻密な輪作体系ができていたということでもある。明治になってできたということではない。今でもまだずいぶん生きている面があろうが、大方はもう死んでしまっている。これはもう、日本の指導者層というのは非常に大きな認識の間違いを犯してきたのだと思う。

選択における強制と主体性

私はこの話をある雑誌で農業史の農業的再研究を土台のひとつとして、現代の農家にとって水田とは、畑とは何であるのかを考えてみたことがある。そしてその際に私なりの問題の所在を二つの点について確めることができた。

それは、「第一の問題点は、田を畑とは絶対的に相容れない関係にし、田と稲作の結合を神聖不可侵のものにしてきたのは、農家の主体による選択の結果なのではなく、権力の要請によるものではないかということ、

第二の問題点は、農家の生活における循環は、畑との関連において成立していたので、そのことを見逃してきたために、視点はもっぱら水田におかれ、その結果として農家の生活がつくり出してきた循環をまったく見落としてきてしまったのではなかろうかということ」であった。

＊

徳川三〇〇年は収奪もひどかったが幸いにして、戦争もないということもあって、稲作のばあいでも品種の選択であるとか、農法的にはそれなりのローテーションというか輪作体系をつくりあげたというあたりは、相当な苦悩というか、努力のすえの成果だろうと思う。

そういう意味からいうと、戦後の昭和三十年代あたりから、あるいは農業基本法前後からの農政の強力なやり方というのは、そういう点であまりにも無知で不勉強な時代であったと思わざるを得ないのである。

第三部　守田先生の講義をきいて

東北農家の懇談会

討論参加者の顔ぶれ（発言順）

太市　畑を開田（四町）して稲作の規模拡大をすすめる三一歳の青年。減反にはかなり頭にきている。
巌　歴史が大好き、農業も大好き。一家総ぐるみで複合経営（水田二町二反、畑八反、ニワトリ一五〇羽、シイタケ）を築く村でも評判の青年、三九歳。
功　一見おだやかだが、乳牛五頭の乳を仲間と販売するなど行動力バツグン。小規模（水田一町、畑三反、母豚五頭、乳牛五頭、牧草二反）でも農業で生きる法を具体的に示す。三四歳。
達夫　水田三町八反、乳牛一〇頭。米も乳もいっぱいとって奥さんに楽をさせたいと考えている好青年、三〇歳。
友信　この会では長老格（五一歳）。酪農にかけるエネルギーは村一番。乳牛一〇頭足らずで充分という。水田五反、果樹五反。息子（二三歳）も加わり見通し明るい。
明　「米をとっては日本一の……」といわれる三五歳の達人。水田一町五反、畑五反。
五郎　会の世話役。非農家。
幸男　世の中のうごきに明るい。三六歳。米と牛の経営を長いことやってきた。水田一町二反、乳牛五頭。
佐太郎　太市さんの友人。同じく米にかけてきた。水田五町。大らかな人で減反をのみこんでいるようでもある。三四歳。
雅夫　話好きで、何でも知っている。雪国でビニールハウス（二〇〇坪）、ガラス温室（四五坪）にかけている。水田二町四反。四四歳。
圭介　チョビヒゲのよく以あう村の名士。四六歳。水田一町七反のほか農外に副業をもっている。

ふり返って考えることの意味

売って儲ける農業はダメというのか

太市　今までの話が、今の文明社会・経済社会に合っているのかよくわからない。しかしけっきょく、今の文明は金の文明なわけです。前は農業に左右された文明だった。その自然の文明が今の金文明に合うかといえば、私は必ずしも合うとは言いきれないと思う。

厳　合うとか合わないとかという問題ではないと思うんだよな……。

太市　自分が生きていくために昔の方法で今の経済にたち打ちできるか。今の世の中はけっきょく、あるていどは金で動いていると思う。自然の農業と金の農業と、どちらがいいとはいえないけれど、私は今の世の中で生きていくためには、あるていど金がなければならないと思う。その金をつくらんがために、生活するために私は、農業をしている。ただ、食うための農業ではなく、売るための農業をしているのだけれど儲けるために農業をして、はたして儲かっているかというと、経済的にはけっきょくは儲かっていない。自分の生活も、成り立たない農業、それが今の農業のありようなんだ。

巌　ただ、今俺たちのやっている農業のありように、守田先生の話を合わせるのはちょっと無理だと思う。過去があって現在があって未来がある。だから、現在を考えるばあいは当然、歴史をたぐらなければならないというのは学問の常道である。今までの話からすると、ヨーロッパ化されアメリカナイズされた農法が、日本の中にガタガタ入ってきて、日本の中で根着いていた農法がいつの間にか時代遅れだ、そんな農法ではこれからの世の中にたち打ちできない、そんな農法は間違っているんだとことごとく切り捨てられた結果、アメリカナイズされた日本の農業の中で、われわれはそれが進歩だと思った。しかし、それを今、ふり返って見なければならないときにきている。日本古来の農法があるはずだということを、われわれは、老人の話から体験的に知っていたし、しかもこの間までそれを行なっていた。その体験の中で、ふり返ってみなければならない時期がきたときに、今の守田先生の話はまことにピタッと合うという感じが、俺はするんだがなあ。ああ、そうだったのか、農耕の起源、耕すということはこうだったのかということだ。なぜ耕すようになったのか、それらを知ることによって、同じように米を三〇〇俵穫って、二九〇俵売るというように、まったく形のうえでは売るための農業であり、売るための生活であったとしても、農業の本質というのは違うのだなあと思う。形は儲けるための農業であったとしても本質は違うのだなあというところまでいってよいと思うんだが。

功　私は、守田先生の話を聞いて、今の農法が非常に手痛く批判されたという感じがした。それからヨーロッパの畜産の発展の話を聞いて、必要に応じて発展したものと、売るために発展したものとでは、ずいぶん違うものだなあと感じた。それにもう一つ、今は家畜が導入されて糞尿がうんと出るようになっている。私も大量の豚を飼っているので、よそさまほど難儀はしなかったが、糞尿の処理には苦労した。それが守田先生の話を聞くと簡単に解決がつく。つまり、深く耕せばよいわけだ。そして、ヨーロッパではそれに合った犂が発達してきたという。それで、なんだ俺は糞尿をじゃまものにして処理施設に金をかけてきたがそんなことをしなくとも簡単に解決できるんではないかという感じを受けた。深く耕せばよいというのは簡単なことですよ。

達夫　今、みんなの話を聞いて感じたのだが、儲けるとか儲からないとかという問題よりも、私は自分が農業で生きていく価値観を自分できちんと持つことが大切だと思うわけです。なぜ今さら古代までさかのぼって今守田先生からこんな話をされたかというと、農業はやっぱり有機的なものだからですね。有機農業がさかんに叫ばれている一方では、それは非科学的でだめだとも言われている。しかし、私は有機的な考え方から、どこかで脱線したから、今の農業は頼りない、未来も希望もないような状態になったと思う。だから、これからは、どんな価値観を持って農業をやるかという発想の問題が大切ですね。

人間というのは、金も必要だし、欲もあるだろうと思うけれど、やっぱり価値の問題ですよね。家族の幸せの問題だと思うんです。そうした考え方をすると、守田先生の話は最も価値があるのだと感じます。価値があるから逆戻りするというのではなく、こうしたものの考え方をこれから先持っていかないと、ますますたいへんになるだろうという感じがします。

友信 これから自分の考え方を述べる前に話しておきたいのですが、私はこれでも五一歳なんですよ。私は農家の長男には生まれたが、ほんとうに百姓になったのは昭和二十六年からです。だからここに集まっている人たちと、私は生き方が別だったわけです。自分がすすんで農業をやったんじゃない。

当時天皇よりも偉かったマッカーサーのたった一言でレッドパージを食って、それから農民になったというのが私の素性です。私のところは一町歩しかないんですが、二三歳になる私の息子は俺は百姓をやるという考えで、実は今、家で搾乳しているんですよ。農文協の人がきたときに、自分は棺桶に片足を突っ込んでいるから息子を出席させると話したんですが、今回限り、私に出てほしいということで出てきたわけです。そうした経緯があるもんだから、今ここに出席している人がたとは別の意味で、私は、意地というか、百姓で一生送るという考え方を持っているわけです。どんなに農政が変わろうと、俺は百姓で生きるという考え方を持っています。

ただそのためにも、農民として生きるからには、価値観、生きざまというものを常に持っていなければいかんと思う。守田先生の話を聞くのははじめてですが本は読んでいます。先生の考え、むずかしくいえば思想というようなものを、それなりにくみ取ったつもりなんですが、先生の話の中で、一つ抜けている点があるのではないかなあと感じたことを、おこがましいが述べてみたい。

確かに、最初、弓で動物を獲り、生えている植物を採った段階があって、それから自分が自ら種を播いて、収穫する農耕になったというのはわかるのだが、ただ疑問に思うのは待っているということだけではなく、播いて育てて、そして収穫するということでなければ、人間の命をつなぐものができないのではないかと思う。ただじっと待つということでは。(笑)

厳　それは育てることを含めて、播いたならば収穫するまでの時間が必要なんだということで、その意味で待つということだと思う。だから鋤も当然出てくるわけで、手入れをして育てることも待つ中に入った話と解釈していいと思うんですがね。

友信　そのへんのところについて、なかには人間は都合のいいように植物をいわゆる片端にしたと書いている人もいるわけですよ。元来、稲の品種はずっと立って、垂れない品種だった。それを人間の都合のいいように片端にしたというわけです。また蔬菜でも、全体のバランスをとるのではなく、その一部分を人間の都合のよいように改良したというより、片端にしてきたという見方をする学者もいるので、あえてこういうことを言うわけですよ。

人工的に改良することはやはり必要だと思うんです。ところが今は極端に部分を片端にして、植物が育つために望まないものを無理してやっている。化学肥料をやるていどに止まっていればいいのに、どんどん先鋭化してカンフルとかモルヒネをぶつところまで行く。そういう形で品種改良をしている段階にまで進んでいると思うんですよ。ほんとうに人間がそういうものを望むかどうかは別としてな。

太市　それは、けっきょく、食うためではなく、売るための農業になれば、そうなる。

明　今、売る、食うということがさかんに言われているわけですが、結局、古代のときは食うためのものでも、封建時代に入ってからは売るための食糧生産がはじまったと思うんです。

太市　それは取られるためのだ……。（笑）

明　その残りを売ったと思うんですよ。

五郎　それは、同じです。売るためであるか取られるためであるかということは全く同じと見てよいわけです。もっとつめると、そのときはまだ自然を歪めないで、人間に害にならないような形でどう取り組むかということで、人間と自然とのつきあいがまだまともであった。それが最近になってこの一五年間くらいの間にかなり違ってきている。現在でも封建時代と同じように農家は取られているわけだが、取り方が全く違ってきている。

もともと農耕は、食うため、もっと豊かになりたいという欲というか、向上心によって発生したものです。人間を進歩させたのもその向上心であるわけです。食糧を手に入れるのに際してあちこち移動するのではなく定住するという形をとるようになったきっかけも、自然を見て、「ああ、この木の実は特別大きい」と発見したことだった。そこに行けばまた木の実が採れることに気づき、そうしているうちに、それでは種を播いて見ようかということになったわけです。その限りでは、人間も自然の一部として自然とつき合っていた。本来はそうでなくてはおかしいのではないか。

明　ただ、売るための考え方はずっと昔から人間の身についたものであって、それを資本が巧みに、利用して加速をつけて、その考えでずっともってきたのが現在だと思う。自分の体に染み込んだそうした考え方を、いかにして吐き出すか、処理するかということだ。

五郎　売るということが、農業をするうえで、ものすごく比重を占めたのは戦後だと聞いている。ただ耕すという面についていえばごく古くから行なわれている。そこには少し違いがあるのではないか。

だから売ることを取られることと同列におけば取られる形式が非常に違ってきたのではないか。前は自然を歪めない形で取られていた。ところが今は自然を歪める形で取られるようになった。ここに人類の死が……。

幸男　売るというのは人類社会に貨幣というやつが出てきてから、ずっともっている意識であってそれ以前は余ったものを隣り近所に分けてやるということがあったと思います。だからそのへんのところは、五郎さんの言うことは当たっていないと思うのだけれどもね。

〝待つ〟ということの意味

幸男 それから友信さんがさっき言っていた、待つということについてですが、耕して播くということ、つまりただ播くのではなく、播いて育てるということ、そこに農業の発達の重要なポイントがあるのではないかと思うのだけれど。そのへんが学術的に理論化されていないのか、先生があまり得意ではないから話さないのか。

太市 私は待つという言葉は、耕すことによってはじめて生まれたと思う。では、なぜ耕すことを覚えたかというと、けっきょく、自然に影響されない、つまり自然の中を食いものを求めてさまよう移動的な生活をしないために、播くことを覚えたわけだ。しかし、その播くことを覚えたことによってはたして、作物の手入れをしたかといえば、私はそれほど手入れはしなかったのではないかという感じで受けとめたんだ。(笑い) ただ播いて採りにくるという生活が、一番はじめの耕すことではなかったか。

友信 それから雑草という言葉は使うなと本に書いてあったな。雑草という名は人間がかってにつけたのだそうだ。植物には雑草もなにもないということだ。人間が都合のいいのばかり植物にしてな、人間に都合の悪いもの、たとえば食えないもの、食ってまずいもの、そういうものはいっさい雑草としてかたずけちまうわけだ。根っこも出ないうちに取ってしまう。（笑）そういうことがいいのか悪いのかという、われわれにとっては非常にショックなそういう理論を書いている人がいるんだよな。

五郎　太市さんが今いわれたのは友信さんのいう意味もあるが、そっちに力点があるのではなくて、農業というのは自然の法則を利用するという立場をとるとすれば、人工的に手を加えるのではなくて、自然そのものが成長しやすい形で友信さんのいうような手のかけ方をしなくてはならないということではないですか。

佐太郎　儲けるとか、金を出すというのは、今生きているかぎりの生活や流通機構の一環からくる問題にすぎないんだとまず仮定して、それから農業そのものを、もう少し講義をしてもらったときのように、われわれ自身も古い時点に立ったうえで、想像や空想、そういうものを交えながら話したほうが有意義でもあり、おもしろさも出てくるという気がするのだがな。せっかく古代の話を聞いたのに現在の時点のわれわれがどうするかと論じてもあまりおもしろくないという印象ですね。（笑）

幸男　だからヨーロッパの農業を見ると、むかしから人間が育てるという意識があると思うんですよ。育てるという意識があるからこそ、牧畜をやるところ、やらないところと分布が分かれてくる。羊飼いは、混牧などの形でいろいろな工夫をするし、乾地農業には、乾地農業なりのやり方をしている。そのころ人類が、どういう思考を働かせたのかに興味がありますね。これは空想の領域にはいるのかもしれないが。

友信　俺は言語学者でも何でもないけれども（笑）、つくることには酒つくりとかいろいろあるが、人間とか植物とかは俺のつくるものだ。そしてつくるということは育てるという面をきちんともっていると思うな。農業というのは育てることだ。種を播いても、ただ自然のままにしているのであれば、雑草のほうが強勢だからな。人間のためにならないものは、今の時代では処分しなくては。

太市　私はごんな過程で人間は育てることを覚えたと思う。まず、人間は種を播くことを覚えた。それを覚えても、はじめは作物に全然手を加えないで収穫だけしていた。そしてまた播くということを続けている間に、たまたま山火事のところに播いたものがよく育つことを発見したわけだ。そこから焼畑農業が出てきた。そのうちに移動しなくともよくなり、その中で家畜も育てるし、また、新品種を発見してその種をまくということをやる。そういう過程の中から育てるということが生まれてきたのではないか。だから最初は待つというのはやっぱり待ったのではなかろうか。（笑い）　だから育てるという意味をつくったのはかなり後ではないか。

幸男　実践が先か、理論が先かということだろうな。土地が欲しいから木を焼くということは、育てる意味でやっているのではないと思うんですよね。木を焼いた灰、または家畜の糞のあるところに、たまたま作物を植えたら結果がよかった。そこからヒントを得て育てるという思考が出てきたのではないか。

太市　だいたいそういう発展のしかたをしてきたと思う。

五郎　もう一つ待つという意味についてですが、確かに育てるということは農業にとって重要なことだと思います。しかし、佐太郎さんがいわれたように、古代人の感覚までさかのぼってみると、待つということはできたものを採ってくる生活から、七、八ヵ月先のことを見通せる力をつけたということなんですね。種を播くということは、それが七、八ヵ月後に実ることを見通す力を人間が獲得したということです。それまでは草があればそれを食うという牛と変わらないような生活をしていたわけです。

太市　播くことのはじまりもおそらく同じようなものだろう。たまたまものを食べていたら種がこぼれ、それが大きくなった。それを見て前にこぼれたのが大きくなったのだなあと考えて、播くようになったのだろう。

友信　いずれにしても、土に手を加えて得たものが農耕というのだろう。ぜんぜん手を加えないで、ただ待つのは農耕ではなく採取だ。

明　農耕が生まれたのは、日本のばあいはよそより何千年と遅れているような感じがする。焼畑は、弥生だか縄文だかその頃出てきたんだろうな。

太市　しかし、日本の国に原住民というのは最初からいたのだろうか。（笑）農作物は全部外国から入ってきたような感じで説明されているからな。それではたして人がいなかったとなると、これはどうも……。（笑）

農耕の起源への旅

友信　そういう話が出てきたところで、幼稚な質問で笑われるかもしれないが、わからないものだから聞いてみたいのだが、実は人間の元祖というものはどうやって生まれたのか。地球そのものが今のような状態になったのはかなり後になると思う。山があったのか海があったのかわからないけれどな。(笑)そのときどういうかたちで人間が生まれたのか。人間らしきものが一人で生まれてきたのか、あるいは、気象などのなんらかの条件で、あちこちにポッポッと出てきたのか、そのへんのところはどうなってるのかな。(笑)

五郎　アフリカで人間が発生したといわれている。それを否定するものはまだ今のところない。

厳　最近、いちばん古い人間だという二〇〇万年前くらいの人骨が出たとかいう話が確認されている。だんだん古くなっていくんだよな、人類の祖先というのは。そしてヒエが大陸から日本へ入ってきたとき人間がいたかどうかは、牛川原人だとか三ヵ日原人だとかが発見されて、何万年も前から日本にも人間がいたということが立証されている。岩宿遺跡を発掘した相沢さんも、関東ローム層の下から打製石器を発見している。だから、ものすごく古くから人間が日本にいたということは、常識的なことになっている。

友信　人間が誕生する前にも、人間が食っていい植物はあったと思うんだ。なければ死んでしまうものな。（笑）いずれにしても、アフリカならアフリカに最初の人間が住んでいた。ということは、アフリカに食いものがあったということだ。そうするとインドで農耕がはじまったということは、ただインドに食いものがあったというのではなく、今いったように作物に手を加えるという意味で農耕はインドがはじめだと理解していいんだろうな。それでなければ、アフリカに最初の人類が生まれたのだから、農耕もアフリカがはじめだということになるが。

五郎　アフリカに生まれた人間は、まだ猿に近いようなもので、いわば人間のもとらしい。

厳　人類が農耕をはじめたのはおそらくインドではないかということです。インドにも人間のもとはいたんだろうね。

明　石器の発掘に俺ちょっと手伝ったことがある。雄勝町院内の岩戸というところに石器の層が二メートルばかりあって、地層の上と下とではその年数が二〇〇〇年も差がある。そこで教わったのだが、縄文の人間と弥生の人間は別の人種だという。その時代どんな食べものを食っていたかというと、主にクリ・クルミで、穀類を食った形跡は、院内の遺跡の中からは見つからなかった。だから、人類の発生と農耕のはじまりには、かなりのばらつきがある。

幸男　あのころの人間の、今から見れば幼稚な意識では、ちょうどインド地方が農耕の発達するのにいちばん適していたんじゃないでしょうか。そこから発達して農耕は根っこを張っていったのではないかと思うのですね。だからヒエだって農耕に適した平野だって日本には前からあったのではないですか。ただその栽培技術がわからなかっただけですね。だからさっきのように華北地方に麦がどういう経路で入ったかわからないといわれる。どこかから渡ってきたにちがいないのだろうけれども。

佐太郎　インドにはすぐれて優秀な人がさ……。

幸男　できっかい。(笑)

五郎　人間として向上心はどんな人間でも持っているのだがその当時の水準からいえば、いちばん食糧として手の届くようなものが多かったのはインドだった。その経験が農耕につながった。その経験をもとにしてもっと北上できる農耕という形で農耕は進歩していった。日本にも栽培植物としていろいろなものがあったかもしれない。しかしそれは学問的には今何もわからないわけです。今ようやく土の中にある花粉を研究すればもっとわかるところまできている。この研究は日本ではまだ進んでいないというお話だった。

明　けっきょく、学者でも誰でも同じようにわからないわけだな。農耕がインドではじまったという今の定説にしても、日本で農耕がやられていなかったということは裏づけられないわけだ。日本でもインド以前に農耕があったかもしれないが、ただそれが発見されていないということだ。

幸男　ただ、人類の歴史の中で農耕が大きく発展したのはインドだろうということだ。

友信　インドに農耕がはじまったころには、ほうぼうに人間はいたのかもしれない。理念としての農耕はインドからはじまったということだ。種と人間がいっしょにならねば育たないもの。(笑) 種が飛んでいったのか、インドからもってきたのか。

佐太郎 鳥の腹の中に入って種が運ばれたこともあるかもしれないな。

雅夫 それから海流の関係とか植物の分布とか。

五郎 ただそういう形で食用植物が野生していることはあり得るが、人間が自ら自然に働きかけて食うためにものをつくる農耕というのはインドで発生したということなのだ。

雅夫 たとえば農耕を知らない原住民はいたと思う。そして農耕を知っているインドの住民がだんだん北上していって、原住民が暮らしづらいところへ追いやられたということがいつの時代にも必ずあるだろう。戦って負けるという形でなくとも。その中で原住民が同化していったばあいもあるだろうし、アイヌのように、どこまでも同化しないで、農耕をやらない原住民もいるだろう。

友信 俺は人間のもとは一人でないと思うんだな。

巌 そこまで考えると、地球というこの小さな星はすばらしい星ですね。

佐太郎 けっきょく、ここでは農耕というのは何を意味するのか考えればよいのではないか。(笑)

巌 だから三時間も時間があるのだから、農耕とは、農耕とはということでいろんな話をするのがいいわけでね。今友信さんが言ったように人間というのはあちこちにいっぱい出てきたのではないかなあということも当然考えていいことだね。だから地球というのは今三〇億からの人間がいるそうだが、人間がすごく発生しやすい状態の星であったということになるわけだ。だから地球の表っかわにも裏っかわにも上にも下にも人間はたぶんいっぱい発生したのではないか。（笑）その中でインドがもっとも向上していこうという人間が発生したということだ。

幸男　エスキモー人もかなり歴史が古いらしいからね。あれはインドからいったのかね。（笑）

食べものと生き方の問題として

五郎　だから、守田先生の話には農耕はどのように発生してきたのかということと、もう一つ裏面には、人間の食糧はどういう形でつくられ、どう位置づけられたらよいのかを解き明かすものをも含んでいるのではないか。その土地の気候・風土にあったものをよりたくさん採っていくことが進歩であるとしたうえで、では日本のばあいはどうなるかを農耕にさかのぼって考えていくと、食糧危機というのもあまり心配しなくてもいいという答も出るかもしれない。功さんのいわれたように、なんだ深く耕せばいいことだというようにもう一歩前進する可能性もある。そのへんもふまえて押さえておいたほうが後で守田先生の話を聞くばあいかなりいいのではないかと思いましたね。

太市　けっきょく、寒地農業の今の反収の発展というものは、やはり雪の降る、寒い冬に備えて貯えるということにかなり影響を受けているのではないかな。

五郎　採取の段階は、行きあたりばったりに採って食う段階で、もう少し進むと採取だけではなく貯蔵しておくという段階がくる。そして貯蔵だけではなくて、作物をつくるというように発展していったのではないか。

明　そうすると、雪が降っても貯えが何もないときは、雪の降らないところへ移動したのかな。

五郎　そういうこともあるだろうね。

雅夫　われわれのおじさんとかおばさんの話を聞くと、たとえば昔の飢饉のときには、いろりに下げた下げものまで煎じて飲んだり、ワラを食べたとかそういう話を聞いている。そういうことを考えると、自然の災害のばあいには大きな集団をつくって移動したんではないか。

五郎　移動するか死んでしまったか。

雅夫　そこを移動しなければ死んでしまった。

佐太郎　人類が多くなって、今までは一町歩に一人ずつ生活できたのに、一町歩に五人、一〇人ということになると当然生活はしにくくなる。そうなると何かの方法を考えなくてはならなくなるわけだ。人口が多くなり、食糧危機がくれば、社会が乱れる。反対に、もし米や他の食糧が、海や川の水のように豊富にあれば、そんなに犯罪なども出ないだろう。それほど、食糧は重要なわけだ。だから、食糧さえ農家にあれば、儲ける儲けないは関係がないと考えることもあるな。

圭介　私はS村というところにいるんだが、今米が大問題になっている。私の村は盆地のいちばん平坦部にあるので、すでに明治三十八年には耕地整理をやっている。それで去年の所得も総戸数八二〇戸で三〇億円の農業収入を得ている。その限りでは県内ではいちばん豊かな村だといわれている。そこで、去年役場と行政のペースで三反を一枚の田にすると計画が出され、村中大騒ぎをした結果、最終的に同意率が八五パーセントまでいった。ところが今年になって、こんな同意率ではだめだからと却下されてしまった。そこでもう一度同意を取り直すことになったのだが、今度は同意率は七〇パーセントに減ってしまった。それで村長が断念いたしましたというお詫びの文書を一軒一軒に出してケリがついたわけだ。

八五パーセントになった同意率がなぜ七〇パーセントに下がったかというと、村役場が低い同意率でも、基盤整備を強行してやるという線を出したために、村民の怒りが爆発してしまったからだ。一枚の田を三反にすることによって、S村の農業がすばらしくなると絵に描いたような宣伝をしても、みんなが仲よくなり、基盤整備をしてああよかったとみんなが感じるような結果が出なければだめだと思う。それなのに実際は反対の人は悪い、賛成の人はよいという考え方がはびこっていた。そんな考え方は外国にはないと思う。賛成派の人に言わせれば、反対派はバカだということになる。しかし、賛成派にしろ、反対派にしろ共通していることは、いっしょの部落にいる人は仲よく生きなければならないということだ。それについては誰にも反対がないと思う。

そうするには、さっきの話にまたもどるんですが、待つということ、時間をかけるということが必要になる。一〇年くらい時間をかけてゆっくり考えてな。私は人類がこれまで何万年も生きてきたように、これからも何万年も生きるだろうと思うから。今日ここでこんなお話をしているということにしても一瞬のことで……。（笑）

達夫　人類にとって大切なことは、常に人口と食糧の問題で、それ以外にないと思うんだね。その問題だけでも世界はたいへんな苦労をすると思う。農耕の起源までさかのぼって考えると、人が一人よりも二人、二人よりも四人と増えることで、食べるものを捜すという発想が出てきて、耕すことの起源へつながるのだろう。もしいつまでも繁殖できなくて、人間が一人でいれば、今でもヒエやアワをつくっていたかもしれない。ただ昔の人間は避妊もしないし、一夫一婦制ということもなかったろうから、ねずみ算的に増えていったことは確かだね。そういうことで耕すことを覚えたのか、あるいは本能だったのかもしれないが、そこだと思う。

今は地球上に三〇億の人間がいて、農耕の発生のときとは、人類の規模も歴史も違うけれども、しかし考える原点は今も昔も同じではないか。今世の中は食糧問題で騒いでいるが、なぜ食糧問題が大事かというと、それはとりもなおさず人類の根幹だからだ。あるいは人口が増えると、酸素も水もなくなるということになるかもしれない。そうなれば人も絶えていくと思う。

だから、起源の話というのは、ほんとうに大事でないかと思う。そういう話をすれば、これから何億年先のことについても考えられるのではないか。そういう話をしてみたいね。

五郎　今、文明論がはやりで、今日も一見文明論のような話をする人がいるが、いわゆる文明論ではなくて現実論として文明をどう見るかということが大切だ。しかし高度経済成長の結果そうした見方をする人が少なくなっている。ところが、現実論として文明を見るという視点に立つと、この先ちょっと首をかしげたくなる事実はたくさんある。

まともな食べものを売れない矛盾

圭介　今日守田先生にいろいろと教えてもらったことは、ほんとうに役に立つと思う。ただ私が言いたいことは農耕が発生したころの百姓というか、そのころの人は一所懸命やれば、それは必ず自分のものになったのではないか。ところが今の農民は一所懸命やればやるほど、わが首を締めるようになるのではないのかと言いたい。

五郎　ある人にいわせれば、原始共産制みたいなものに現在の社会をもっていくのが理想だというのです。それはもどるのではなく本来の姿だという。つまり原始共産制にもどるのではなく、ああいう形で仲よく暮らすのが人間ではないかということです。とすれば今何ができるかという形でつめていくことが大切になるわけです。そのもとになる具体的なものをはっきりさせなければならない。日常的に農業をどうしていけばよいのか。どうすればもっと豊かになれるのか。食糧問題一つ取り上げてもはっきりしないでしょう。食糧危機だとか、自給はできるとかできないとか、そういう議論と農法とはぜんぜん関係ないものではない。私の考えでは、連続的に発展してきた伝統的な日本での農法を断ち切った結果として、今のような食糧自給率が出てきている。だから今、いろいろなものを裕福に食べられるようになってはいるが、はたして本当に豊かなのかというところからもう一度考えなくてはならないのでは。

友信　農耕というのは人間が生きるために、より安心してみんなで生きられる方法としてでてきたものだと思う。これからも、その点は変えてはならないと思う。生きるためには。ところが、今は、命を縮めるための農業を、農民はやりたくないのだが、金のためにやっている。自分の家で食うものは薬をかけないで、露地ものを食うというのは、本来の農耕をやる農民の姿ではないと思う。ただ自分も生きなきゃならないものだから、それを強いられているのだと思う。儲けるためといってしまえばそれまでだが、つくらなくても生活できるのなら百姓はつくらないと思う。他人が食って寿命を縮めるような食物をわれわれはつくらないと思う。自分が食ってうまくないものを他人に食わせるのは、農民のまったくの矛盾だものな。それを何とするか。

佐太郎　今の農業を考えると、農民が要望するのではなく、都会の人間が農業している感じだ。

友信　ただな、都会の人もそのために寿命を縮めている。

明　いや、いちばん命を縮めているのは、農業をやっている農家だ。

圭介　なんで。

明　売るのには自分で農薬かけるだろ。かけるときすでに自分にかかっているから。

五郎　そう、今の農業の仕組みをずっと進めていけば、農家自らが農薬をかぶる。農家は、農薬のいちばん最初の犠牲者となっている。

圭介　今の社会の仕組みから別にならなければだめさ。悲しいことだが今の世の中では、農民が一所懸命やれば自分の首を必ず締めることになる。だけど守田先生の話ではそうでなかった。守田先生の話では一所懸命やれば、わが町のこぢんまりとした利益になり、生命を守ることになっていたでしょ。ところが今俺たちが置かれている状態では、一所懸命やれば自分の首を締める結果になる。そこに、農民が気がつかなければとんでもないことではないか。

厳　守田先生にそれをいわせるのではなく、それはやはり俺たちがいわなければならないことだ。

佐太郎　人類はトントンとここまで発展してきて、けっきょく自分の首を締めることになったが、そうなる以前はどうであったかということが問題なわけだ。そのときは、これは私の想像だが、自分たちの生活に必要なものは自分たちでつくっていただろう。今でも、たとえば縄一つ買って来ても五百円だが、五百円いかんにかかわらず半日でも縄をなっていた。これは自給するという考え方のもとにそれをやっていると思う。そう考えるとき、自分で自分の首を締めるということは、自分の必要以上に生産しているからだということもあるだろうし、またそれに追い打ちをかけられているということもあるだろう。だから、もう少し農家個々が、昔をふり返って、自分で食べるものだけを生産する時代にもしなったらどうなるのだろうか考えてみる必要があるのではないか。

（昭和五十年十二月、守田先生の講義を聞いて）

米と農民と権力と

米があったればこそ……

雅夫　移植田植えというものが出てきてから後の歴史を見れば、けっきょくイネつくり、米つくりというのは、権力によって強いられたものであったということを感じるわけです。そして今もどこからかイネつくりを強いられているような、というより、イネをつくらないことを強いられているような感じがするな。（笑) どうも、俺が学校で習った理屈とだいぶ違う。(笑) びっくりしている。

友信　俺なんか全くあっとして、何がなんだかわからなくなっちまったよ。

巌　だから、そういう歴史を勉強して、また明日、守田先生の話聞くとわかるのだろうが、明治になってからどうだったのか、それから昭和の初期のあの恐慌時代を通って第二次大戦までくるわけでしょ。その間、ものすごく農民は収奪を受けながらがんばってきた。そういう歴史を勉強したうえで、じゃ今はどうなんだということを考える必要がある。そういうことをしなければ今後の問題も考えられない。今を考えるには、そういった農民の歴史、農業の歴史の勉強が大切だということを痛感するわけです。

とにかく今俺たちの置かれている位置がわかんないんだなあ。どのへんに置かれているかということが。これでいいんだと思っている人がいるかもしれない。全くいい世の中になったんだね。自動車もあるし、カラーテレビもある。すばらしい、農村は豊かになった、最高だと思っているばあいもあるかもしれない。しかし、いやそれも違うぞということになるかもしれない。

明　今守田先生の話した要所部分、農家がずっと米をつくらされてきたということは、今もあんまり変わんねえような感じだ。（笑）ただつくらされる形が違うだけで……。

太市　しかし田植えの技術を持ってきたというのは今にして思えば偉大なるものじゃないかな。

明　それはよ、何のために持ってきたか、誰のために持ってきたかということが大切であって……。（笑）

太市　誰のため何のためというより、けっきょくは田植え技術のおかげで、日本民族が今みたいになれたんで……。誰のため何のためということを省いてみれば、まず人間が発明した最高のものだと思う。（笑）

五郎　ただね、そのばあい、もう一面あると思うんですよ。今になって考えればそういうことも言えるかもしれないのだけれど、それはあくまで仮定論でね。ただ農家の必要性からいえば、米は全然いらないということではないが、米以外のものも必要です。だって米だけで生きていけるわけがないですからね。米だけでなく豆も麦もというふうになるのが正常だと思う。だからそういう形で日本の農業が発展していたら、もっと良くなったんじゃないか。

今の太市さんの言い方でいけば、下手すると、米いじめをする人間から、おまえらなんだかんだと言うけど、農家が現在のようによくなったのは米のせいだぞと、こういうことでやられちゃうわけですよ。だからそうじゃないんだ。もし米が無理やりつくられされるという形で扱われなかったら、今のようにおかしな形にならないで発展する可能性もあったのではないかという点では押さえておく必要があると思うんです。

太市　しかし、日本の文化の発生は、やっぱり米からということは言えるような気がするな。

巌　それはそれでいいんじゃない。ただ、やはりさっきの守田先生の話にある、米を支配の手段として、無理してまでも米をつくらされたことが問題だ。たとえば岩手やもっと北の方までも、田んぼを広げていったことも司馬遼太郎の話でないけれども、ほんとうはここは米なんかつくらなくてもよかったんだといえるのではないか。もし米がつくられていなかったならば、もっともっといい形で岩手なら岩手なりの農法が出てきたと思う。農民がそういう土地に合った農法をつくり上げられただろうということは考えられるね。無理やりに米をつくらされてきた。支配者のためにね。守田先生は、そういうことを言おうとしたのではないか。

太市　米つくりそのものから考えれば、権力というものによって米つくりは発展したような感じも受けるんだけれども、どうですか。

明　発展させられてきたんだよ。

米がいいとか悪いとかではなく

太市　けっきょく、戦争は常に武器なりなんなりの発展をうながしたし、それから武器をつくることによって、その技術があらゆるものに利用されたという意味では、戦争も発展のひとつですよ。そうすると、米つくりのばあいもそういうような感じがする。ただその権力というものは確かに権力のあるものがそれをつくったんだけども、農業技術とかの発展は権力とは切り離しては考えられないような感じがする。

けっきょく無理してつくらせれば、寒い土地でも稲をつくることができる。無理してやらされながらも、米つくりの技術は発展していって、寒いところでも、田植えができるという形で、稲作というのは発展してきたというように考えれば……。

五郎　そのばあいね、そういう方法でしか発展しえなかったのか。別な方法はなかったのかということがもうひとつ考えられますね。

太市　というより、事実がそうでありまして……。（笑）

五郎　それは確かに、その面での発展ということはあるわけだが……。だけど、それがちょっと間違ったために、発展でないところにいたったというのが、現在だと思うのですがね。

幸男　守田先生の話を聞いていると、今の米の栽培技術は、権力者が半強制的みたいに農民に押しつけたようだけれど、これは私の想像なんだが、いつでも支配者というのは、今の言葉で言えば、大衆の要求を満たさなければだめで、要求を満さなければ支配権も維持できない。そういうところから今のような稲作というのが入ってきたんじゃないだろうか。だから、もちろん稲作は農民に受け入れられたと思う。もし、いやだと思えば、あの頃の農耕する人間は米を受け付けなかったはずですね。農耕する側も米でなければだめだという要素はあったと思うんです。

五郎　たとえば、米でなければだめだという、その要素はなんですか。

幸男　推測なんだけどもね、そういう面はあるんじゃないかと思うんです。

五郎　食べてないわけですね。

幸男　だから畑作がね……。

五郎　食べてないということから出発して、それをふまえてね。米は食べないが米をつくりたいのだという要求は、何があったんだろうか。

太市　けっきょくは、それが昔の政治だよな。（笑）

圭介　生きるということには、そうするしかなかったんだよ

五郎　そうするということは？

圭介　いや、それを拒絶するということは死を意味する……。

五郎　ということは強制だということだね。

幸男　いや、そういう意味じゃない。当時の農耕するもののね、米でなけりゃだめだという気持もあったと思う。

達夫　米もヒエもアワもいっぱいつくった結果米の増収があったというね……。

厳　五穀をつくる、そのなかで、やっぱり米がいちばんつくりやすい、そして食ってもうまいということで、米が出てきたわけだな。そこで当然支配者の側も米を収奪してきたわけだね。

太市　けっきょくある習慣ひとつつくろうとすれば、規律と法律というのは必ず出てくるわけだな。だから、要求されたわけではなく農民そのものが米つくりをはじめたのだけれども、米つくりの規律を施行する人たち、つまり権力者が農民から米を取りあげた。そういうような悪い政治が米つくりを悪くしたと思う。

幸男　今、俺らが、過去の農耕する農民のことを考えると、今のわれわれは生産手段をもち、農民意識をもっているが、あの頃の農民というのは、生産手段を持たなかったですね。だから今の感覚から言えば、ただの労働者だったと言えるのではないか。

佐太郎 だから労働者だけれどさ、あれがよい、これがよいと、はたして要求ができるような状態だったのだろうか。

否でも応でも、やらねば殺すぞと言われてね。そしてまあ、あいにく慣れた商売だからというわけで……。（笑）

五郎 ちょっと食い違いがあるわけですよ。頭からね、米は絶対だめだと、つくられたからだめなんだというふうにとらえるのではなくて、向上心があってよりよくなりたいと思っているときに、たまたまそこに米つくりがはいってきた。いつはいってきたかというのは抜きにして。そこで五穀なら五穀あった、そのなかで米がいちばん収量もあるし、貯蔵性もあるしということで米を選ぶわね。それがたまたま貨幣の代わりになるぐらいの非常な実力をもっていたということで、支配者に利用されていった。そのときからすでに米というのは農民のものでなくなってきている。利用されたときから農民本来のものとは違っている。もし米が支配者に押さえられなかったら、稲作はもっと違った形で発展していっただろう。米もつくって、他の雑穀もつくって、バランスがとれた農法が出てきただろうと思う。米が支配者に握られなかったらそういう農業形態がつくられたかもしれないということです。だから米が頭からいいとか悪いとかじゃない。

太市 米つくりは最初はよかったと思うんだよね。最初大陸から稲をもってきた人は、農民に米を自由につくらせて、出来た米の半分とか三分の一とか取ってそれで間に合っていた。そういうつくり方が何年か続いたのだけれども、権力者のものの考え方がどんどん変わってきて、米つくりを全く独占して、支配に利用するようになった。そこで、権力者の支配の下にはいらなければ、米はつくれなくなる。それでは生きていかれないということで、ついつい権力の下でも米をつくらざるをえないようになっていったんだろう。

五郎 そこへ農耕のゆがみが出てくるんです。

強制の中でバランスを保つ抵抗

幸男 あのね、さっきから権力という言葉が出ているけれど、これについては私たちはしっかりと意思統一というか、整理しとかなくちゃなんないと思う。今われわれが権力と考えている概念と、あの頃の権力とは違うと思うんですよね。あの頃は単一国家はなくてあちらにもこちらにも小国が分立していた。そのうえ、権力といっても、いわゆる族長制というのですか、ひとつの集落をつくってそこに属している。だから権力が消滅するということはその集落が消滅するということなんですね。いわゆる権力者と、支配される者が一体感をもっていたと思う。つまり今の支配する者と支配されるものとの関係は違うと思うんですね。

それから医学的な見地から言わせると、あの頃の日本人にとって米というのは、エネルギー源としてあとは栄養分の関係から、食べてみて腹ごたえがいいとか、食べてみて暖かいとか、そういうのが多分に影響したんじゃないか。

五郎 そんなこと言ったって、あのころはそれほど食べてないんですよ。

圭介 食べてなくても、食べたいという願望はもってたわけでしょ。

明 こういうことは言えないですか。中国では米つくりは支配者の下にかかえられていて、それがそのまま日本にきたと思うんですね。だから米そのものは、あの当時はおそらく絶対必要ということではなくて、いくら多くても穫れば穫るほどいいということで、支配者の方では、多く取れば取るほど需要が増えるということなんですね。

厳 自分のつくった米を食うことができなくとも、米がすばらしい食いものであるということを知っていたということは、収奪が行なわれる前に、米つくりをやってたんじゃないだろうか。だから、そもそも人間社会が発展していくなかで、権力者が出てきたことが、いいとか悪いとか言う前に、当然権力者が出る仕組みになるわけだな。それは、最初から、お前たちのつくったものを全部よこせっていう支配の形ではないはずなんだな。

よりその生産力を高めるための支配者がいて、祈禱したり、シャーマンとかいわれている神がかりになれるようなのが、けっきょく宗教に祭り上げられたりした。そのなかでは、必ずしも、お前のつくったものを全部よこせということではなくって、みんなが米を食えた時代があったかもしれない。

五郎　それは日本じゃなくて、中国かもしれない、朝鮮かもしれない。そういうことだね。

巌　さっき、中国では米をどう食っているかという話もあったけど中国だって、ごく最近まではほとんど雑穀でしょ。主食は。だから中国の米つくりが権力者によってすすめられたと、一概には断定できない。ただね、日本のばあい、米が支配の対象となってそのことで米つくりが広まったということは確かに言えるかもしれない。それにしても、平安でも、鎌倉でも、江戸でも、明治でも、大正でも、ずうっとね、米だけではなかった。むしろ米の比率がいちばん大きくなったのは、戦後だよね。その証拠には、ずいぶん戦争があったけれど、その間農家は米食わなくったって、雑穀つくったり、味噌つくったり豆つくったりして生きてきた、確かにね。だって戦争だって米だけ食って勝てないからね。やっぱり味噌も食った。ただバランス的に考えると米の比重は確かに重かった。だから米が権力の対象になったとは言えるかもしれない。われわれの先祖が蓄えてきた力は大きいにもかかわらず、米にしがみついてきたというのは上から押さえられた結果かもしれない。そういう支配体制の中でどうしようもない、米は食えねえもんだとあきらめたけれども、そのかわりに、いろんな努力をして、豆つくったり麦つくったりして、本業のバランスを保ったということは確かな事実だと思うんだ。そのへんの権力の意向と農家の立場とのバランスというか、そのへんを思想的でもいいから問題にする必要があると思う。つまり、米つくりは権力による強制があったという面と、農民が一所懸命努力して麦や豆を一方でつくりながら米つくりもうんと発展させてきたという面と二つある。この両面をどう関係させて考えるか、そのへんが問題じゃないか。

稲作をこなした農民の素地

五郎 さっきの、守田先生の話によると揚子江より南のほうでは直播で、揚子江を越えていくときはじめて移植になった。そして日本のばあいは移植からはじまったということです。直播から移植へ移るときに、中国では非常に長い年月かけている、しかし日本で米つくりがはじまったときには、移植技術はすでにそのときあったわけです。しかもかなり整理された田んぼがつくられていたという話ですね。そこが守田先生の話の中で、いちばん印象に残っているんです。そうなると米つくりが日本ではじまった当時、すでに、かなり強い権力があったんじゃないかなという気がするわけです。

友信 いや、ただその前ですよ。中国大陸から移植技術がはいる前に、すでに南方から、米つくりがはいって来ているのではないか。

五郎 確かに南方から直播がはいっていたかも知らんですね。しかし、あきらかにわかるのは、田んぼの造成技術と結びついた移植である。直播と移植二つのルートによって米つくりがはいってきた可能性はあるが、日本に定着したのは移植だということです。移植というのは、灌漑だとか造成とか、権力をもっている者にしかできない土木工事が伴う。そのような移植が定着したということは、いわゆる権力の手によって、米つくりが広められたと理解できる。直播という形で、当時のごく普通の農家の人が米つくりを日本にもってきたとしても、それが広まる段階では移植技術となってすでに農民のものではなくなってきている。灌漑とか造成とかいうものが加わっているからね。だから、日本の稲作というのは完全に権力者によって広められたんではないだろうかと、こういうことが言われていた。もちろん、中国大陸から米つくりがはいる前にすでに米つくりがはいっていたかもしれない。東南アジアからはいるという形でね。

巌　入っていなかったら、登呂の遺跡がないんだよ。登呂の遺跡があるんだから、弥生時代にはすでに稲つくりが、しかも立派な灌漑施設までつくられた稲作文化があったわけだ。それは守田先生の話とつながる以前に、もうすでに日本で稲作があったと、それは多分東南アジア方式の……。

五郎　登呂遺跡そのものが灌漑、排水、造成工事を伴って、権力者とつながるんじゃないか、そういうことを言ってるんです。

巌　ああ、そうですか、そういうことか。

明　とんでもないことだな。すでに弥生時代後期には、中国から移植技術が、権力といっしょにはいってきた。だから、支配の中で稲つくりが行なわれたということなんだろうか。

巌　そうらしい。

雅夫　たとえば、米つくりが直播できたものが、造成技術と結びついた移植稲作がはいってきてからは主流はおそらく移植に傾むいてきたと思うんだな。

達夫　当時は主流も何もなかったんではないか。(笑)

雅夫　権力支配というよりも移植支配というような形できたんじゃなかろうか。

五郎　ひとつ聞きたいんですよ。友信さんでもいいし幸男さんでもいいんですけど、米がね、権力ではなしに自らの気持で選んだということを評価する意義ですね。そこらへんの根拠についてはっきりさせればね、もうちょっと議論がかみ合うみたいな……。

友信　ガチッとした権力が生まれたのは、今言われた水田を主とした稲作技術が定着する段階だと思うんだ。水田をつくるといっても、かなり原始的なものだったろうけれど、そのときに権力が確立されたのだと俺は思うわけ。ただし、それよりも南方の稲作技術がはいって来たほうがおそらく先ではないかとこういうように思ったもんだから……。

五郎　そのばあいに、そうした南方系の稲作技術はあまり広まらなかったみたいな話と、もうひとつつけ加ると、焼畑みたいな方式で、畑作というのはすでにあって、農耕の経験を当時の農家はしていた。そういう経験をしてたからこそ、あれだけの技術を受け入れる素地があったとも言えるんじゃないだろうか。造田からはじまった農耕と焼畑からはじまった農耕とでは違うという問題提起をしましたね。だからその流れは、はっきりしてますね。

友信　だから、米が南方からはいって来たときには、それほど権力の側が米つくりを支配に利用することはなかった。おそらく、権力も小さかっただろうし。ところが、中国大陸から移植技術がはいってくると、グンと増産されるようになった。そこで、味をしめた権力の側は、まだまだ増えるようだぞということで、支配と米つくりを結びつけて、米つくりを広めていった。こういう意見なんだよ、俺は。

巌　それは成り立つんではないですか。

東が西に征服されなかったとしたら

巌　たとえば縄文時代の頃は、東日本のほうがはるかに、西日本より文化がすすんでいたということが言えるんですね。それはなぜかと言いますと、東日本ではたとえば秋になれば川にはマスがあふれるほどおった、というようなことから、東日本のほうがかえって豊かであったということが言える。それは収奪するものがいなかったということにつながるわね。したがって縄文時代は、はるかに西日本より東日本のほうが文化がすすんでいた。それが西のほうから、移植稲作とともに支配者がはいってくることによって東日本は遅れたというか、最高の収奪をされたということになり、貧乏だということになったんですね。

幸男　大和朝廷以前から、岩手県の北中部ですか、あのへんまでかなり米つくりが発展したというんですね。あの頃の福島と山形のあたりもですね。

五郎　奈良朝のときに米がつくられたというわけですか。

幸男　以前からですね。

達夫　そういう記録があるわけ？

幸男　遺跡やなんかを調べても、あの頃の中央とね、つながった歴史があるらしいですね。単なる推測じゃなくて。

巌　たとえば蝦夷征伐を大和朝廷がやるとするわな。俺の読んだ範囲で言うと、蝦夷征伐というのは、当時東北に住んでいた農耕を知らない、山を駆けてけだものを取ったり、くだものをもいだりして生活している、いわゆるオカミになじまない野蛮な民という言葉を使っているんだけれど、それらを大和朝廷の支配下に入れるために行なわれたんだということだよな。

幸男　だからね、そのへんはそうなるんだけど、守田先生の今日の講義のはじまりのほうで日本の東北部の人も南方系だと言われたんだけどね。今までの歴史によると、いわゆる関東以北は野蛮人、未開人だと言われてきた。しかし必ずしもそうではないという議論が出てきているらしいんだね。

五郎　まあ、そのへんは推論が多くて、あまり論議してもしようがないんで、なぜそんなことを論議しなくちゃならないのかというところへ立ち戻らなくては。そうしないとわからないところへ話がすすみそうですから。（笑）農耕はいつはじまってどのように営まれたのかと考えれば人間が自然とかかわり合うなかで、もっと良くありたいという向上心にもとづいて農耕が営まれていたわけです。ところが日本のばあいは地主・小作関係みたいなことが続くような形で、米というものは農民のものでなくなっていった。それがいつごろのことかはわからないけれど、これははっきりしている。だから、農耕の起源まで戻って考えれば、米が農民のものでなくなり、つくらされたという結果になったと言えるわけです。そうすると、そうでない方法であれば、もっと違った農耕が発展する可能性があったんじゃないかとか、そういう話にはいっていくんじゃないかと思うんですよ。

なぜ米は農民のものでなかったか

幸男　ちょっとその前にね。米そのものが農民のものでなかったのか、土地が農民のものでなかったのか、そこのとこ区別しておかないとね。

達夫　いや、土地はなくても、権力が左右したわけでしょ。

幸男　土地所有権は領主に支配されていた頃の農民にはなかったわけですね。米を食べたか食べてないかはちょっとそれもわかんないけれども。

五郎　それもわかんないんですよ。食べてないのが一般的で、食べてもくず米だとかごく一部で……。

幸男　だから私はね、守田先生の言ってるのは、米が農民のものでないというのは、生産手段がなかったから、米が農民のものでなかったといっていると思う。

太市　江戸時代の話かどうかちょっとわからないけども、うちのほうでこういう話したんだよな。その頃地形とかそういう調べがあるわけだ。その調べの中では、農民そのものも米を食わなけりゃならない。取られっぱなしじゃならないということで、隠し田というのがあったりするんだよな。そういった土地は農民のものでないようであって、まあ隠し田というのは農民そのものの土地であるわけですよ。ですからそのへんの農民の開拓精神というものは、やっぱり今の農業にまで至っていると、言えると思うんですが。

幸男　米が農民のものでないということと、現代、労働者が電機洗濯機、カラーテレビをつくっても、これは労働者のものでないということは同じですよ。生産物としての米と、生産手段としての田んぼは別だと思うんです。米を食べたか食べないかというのは推測の段階でしょ。

五郎　いや、いや、話はそんな過去まではさかのぼってないわけ。ごくわかる範囲でいいわけ。江戸時代でもいいですし、あるいは明治まででもいいんですよ。

佐太郎　問題は土地が自分のものでないということよ。今の時代から考えるとさ。土地があってそこで自分が働けば、できたものは自分のものになるわけさ、でもそこから先の話が俺には、わからないわけです。この論議している問題点がね。

五郎　いや、こういうことですよ。自分でつくったものを自分で食べるということは、何も理屈を考えないでも普通のことじゃないかということですよ。

巌　農耕というのは、そのためにすることだろう。てめえでつくったものを、てめえで食うということが、農耕のほんとうの意味でね。人間が生きていくためにね。そのために稲つくりもはじめられたのだけども、そのうち自分のつくったものが自分で食えなくなった。くず米を食った食わないということはどうでもいいことであって、問題なのは、本来は全部食うはずであったのに、そうできなくなったのは、稲つくりとともに権力が出てきたからだということなんだ。それがついこの間まで続いてきたんだということを、守田先生が言ってるわけだ。

太市　けっきょく、権力があるために、その権力によって米が食えなくなった。食うためには技術を増進させてそれで多くとって隠しとかなきゃなんないと。(笑) そういうことによって技術は発展したし、そしてまた、さっき言った隠し田といったことも出てきたし……。

幸男　ただ、あの頃から、最近まで、土地はほとんど農民の手にはいらないですよね。そういう中でも、今話が出たように、自分を満たすためには、余計に穫らなきゃということで、余計に穫るために、栽培技術が発展したと思うんですね。だから栽培技術の発達と権力者というのは直接関係ないと思うんですね。

五郎　いやいや、あるんですよ。そこなんですよ。だから違うんじゃないかというのは。

幸男　いや、権力者がね、栽培技術を発展させたんじゃなくて、われわれの祖先の農民がさせたんじゃないかと。

五郎　そう、させた面もあるけど、させられた面もあったんじゃないかと、こういうことです。全面的に農家がやったから、すべて農民がつくり出したという考え方はおかしいんじゃないかと、こういうことですよ。

厳　あの、こういうことでねえのかな。自分でつくった米は全部自分で食うというのが本来であったのに、権力によって食えなくなった。そこまではわかったというか、話し合ったわけだよな。そこで、今の話では、農民が一所懸命、増産技術なりなんなりをつくり上げてきたんだ。農民もやってきたし、権力側でもやった。しかし、それは離れているというようなことだった。けれど、俺は離れてはいないと思うな。

権力はいつも追っかけてくるというか、農民が穏し田つくるというのも、従属のひとつだな。てめえが生きていくためにな。より一所懸命、少しでも多く穫ろうとするのは、てめえが少しでも、その中から残して食いたいからと努力するわけだね。権力側はああだ、こうだと言って少しでも多く甘い汁を吸おうとする。そして権力側も、少しでも余計に穫れば、てめえの収奪の分が多くなるわけだから、その新しい技術を、権力もあるいはやらせたということも、これは充分に考えられる。

和夫　たとえばね、もっとごく近い話をすれば、日本の農業が、多肥農業になったというのは、生産手段である土地が奪われていたために、金をかけるとすれば土地改良に金をかけたかったんだけれど、そういう金をかける余裕がなかったんですよ。だからいちばん簡単な、金肥か、あるいはすぐ生産が高まるようなごく対症療法的な技術で米を取ってきたという結果もあるわけですよ。そういう歴史もあるわけですよ。ですから、そういう問題、これからもたくさん出てきますから、そこらへんまでつかまえる形でやりましょうよ。

五郎　米がですね、農家のものであったというとらえ方をしたいというか、もしくはしなければならないという考え方は、どこから出てくるんでしょうね。最初に出てきたヨーロッパの農業では、家畜とともに生きて、家畜の糞が出ればその糞を深耕で畑にすき込み、次の作物に生かしていくという、非常に生活とピッタリくっついたものだった。それからもうひとつ、バターの話なんかもそうだと思うんですけど、山へ行って乳をしぼってきて、帰ってくる間にバターになってた。ほんとうはそういうところから、農業というものが発展してくると思うのですね。ところが、ほんとうにごく素朴に考えると、米をつくるという歴史の中に、農家の生活とピッタリするようなところで、米の加工なり生産技術なりというものがはたして生まれているかなという印象を受けるんです。

雅夫　そういうヨーロッパ農業の家畜との関係からみれば、日本は正反対だという気がするな。日本では、イネを育てるのが農民で、それを農民から取って食うのが権力者というような形が続いたからな。それは、そのまま今まで続いているという感じだ。農民は生かさず殺さずという精神がね。

五郎　日本のばあいは、農家の食べているものと、領主の食べているものは、たぶんちょっと違うと思うんですね。それに対してヨーロッパのばあいは、ちょっと印象的な話で言えば、にわとりそのものを持ってこい、たまごもそのままということで、いわば農家の食べているものと、領主の食べているもの、それは上等なものと劣悪なものとの差はあるかもしれないけど、ほぼ一致していたと思うのですね。そういう形で収奪というものがやられていたということです。だけど日本のばあいはそうじゃないいんじゃないですか。米だけですね、領主がもっていくのは。まあ着物をつくるために特産物とかそういうものはもってたんでしょうけど。だから幸男さんが、米は農家のものであったというところから、何を発言されたいのか、ちょっとはっきりしない。今まで話されてきた流れとしては、いわば、ヨーロッパにも、日本にも、支配する人がいたんだけれども、支配のやり方が大変違うというところを見なきゃならないいんじゃないかなと思うんです。

（昭和五十年十二月、守田先生の講義を聞いて）

第四部　農業をどうするか＊自分の問題として

東北農家の懇談会

討論参加者の経営（発言順）

巌　前掲（第三部）。
茂　田二町二反、畑四反、和牛、ヤギ一頭、ニワトリ五五羽。四六歳。
栄吉　田二町三反、畑一反、ナメコ、和牛二頭、ヤギ一頭、ニワトリ一〇羽、山林四〇町。三五歳。
慶一　田三町七反、畑三反、和牛二頭、豚四頭。四五歳。
秋夫　田六町八反（内ライ麦二町）、畑二反、牧草一町五反、和牛七頭。三六歳。
俊一　田二町七反、畑三反、和牛一二頭。三六歳。
耕士　「耕している土地一町九反（植えたものは稲、野菜、麦も少し）、飼っているもの ニワトリ二〇羽くらい」と自らの経営を紹介する。四三歳。
実　田四町八反、畑一反、乳牛育成二頭、三八歳。
義治　田二町。
美男　田四町六反、畑七反、山林（杉）。四一歳。
孝　田二町九反、自家用野菜畑五畝。五七歳。
文策　田三町五反、畑四反、乳牛一頭、ニワトリ一〇羽。四八歳。
浩　田一町二反、畑一町（野菜類）、リンゴ八反、和牛三頭。三八歳。
勉　田二町五反、和牛六頭。四六歳。

博通　田一町七反、畑四反。四四歳。
東一　田五町、転作四反（加工トマト、ニンニク、落花生、野菜類各一反）。牧草一町四反。四〇歳。
周作　田一町一反五畝、果樹一町、畑五畝。四二歳。
正雄　田二町、畑三反、柿・梅二反、ハウス二五〇坪、母豚六頭。四〇歳。
富男　田三町八反（一町六反小作）、メンヨウ一頭、ニワトリ一〇羽。二六歳。
三郎　田二町三反、畑五反（ブドウ二反、青刈麦一反）、乳牛五頭、和牛八頭、鶏一六羽、山林二町。三二歳。
良三　田二町三反、畑五反（野菜）、山林。四九歳。
松男　田四町七反五畝、畑二反、パイプハウス二五〇坪。三五歳。
長作　田四町七反（内転作飼料作物一町）、畑二反（内ニンニク七畝、他菜園、苗代）、乳牛二頭、育成牛七頭。三五歳。
信吉　田三町、ニワトリ五〇〇羽。四五歳。
靖久　田一町六反、畑一反、タバコ一反一畝、マッシュルーム、和牛二頭、ニワトリ三〇羽。二四歳。
順一　田三町二反、林地二町六反、自家用畑五畝。三〇歳。
明　前掲（第三部）。
伸作　田二町三反（内三畝オオムギの水田裏作、手植え四反）、畑二反、和牛一頭。四四歳。

経営と生活を築く尺度

厳　いま俺の経営の中でシイタケ栽培は不可欠のものなんだが、自分の家の労力でやれる範囲に押さえるということで、一万一〇〇〇本という本数にしている。ところが、ことしのばあいどうなるかというと、紙不足でパルプ材が値上がりし、原木代がべらぼうに上がるという問題がでてきた。自分で山を持っていて、自分で切り出せるというなら解決ができるのだが、仲間づくりの中でシイタケ栽培をやっているためそれができない。まず原木代がグンと上がる。次に、出荷するばあいのポリエチレンの網袋、ダンボール箱代の値上がり、それに運送代が倍近くになるだろうという。「冬期間、土方にも出稼ぎにもいかないで俺は頑張る」ということでシイタケ栽培をやっているのだが、来年になったら石油代がもっとべらぼうに上がると思う。上がんないものは何かというと、なんにもないわけだな。

それをカバーするのは何かということで、経営拡大を考えてみると、おそらく自分の家族労力ではまかないきれなくなる。それならば、いままで一本の原木から三袋ぐらいとっていたのを、技術をよくして五袋ぐらいとるようにするかというと、いままでだって精一杯努力してきたんだからそう簡単にはできないと思う。

逆に、売り値のほうは、不況になるからおそらく安くなるだろう。ひき売りというのは俺もいいとは思うんだ。できることならばと思って、おふくろや女房に街に背負わせてやってみる。しかし、それも、あんな小さな街に毎日いくということはとてもできない。

シイタケ栽培をやっていくにはどうすればいいのか、これが今俺がかかえている問題なんだ。むしろ、外に働きに出ていれば、給料はどんどん上がっていくんだから、「何も苦労してシイタケをやっているよりも外に働きにいくか」と、一応考えないわけにはいかない。

茂　みんな、この問題で頭を痛くするんだな。俺もやっぱりそうなんだ。

ただ、俺の考えでは、まず金から発想するからこうなってしまうんでないかと思うんだ。

俺ら百姓がなんぼやったって、一億円も一〇億円もと集めるわけにはいかない。どだい、農家は金を集めてみたってしょうがないわけだ。

それならどうするかということだが、片方は金とスタイルで勝負するというんだったら、俺らは内容、質で勝負するべということなんだ。俺らが、農家としていちばんぜいたくできるのは何かというと、自分でつくったものを自分で食えるということだろうと思う。大学の先生がなんぼ立派なことをいっても、農業をやったことがない人がいっぱいいるんだよ。俺らよか勉強して、農業のことも俺らよか詳しく知っているとは思うんだが、自分でつくったものを自分で食えるというのは農民だけだろうと思うのよ。本田技研の社長がなんぼでかいことをいったたって、自分でつくって自分で食ったなんてことは聞いたことがない。つまり、純粋なものを食えるというのが俺たちの強みでないかと思う。そこを考えないで、金で勝負しようとすると、どだい、出発点が違うんだから、無理なんでないか。

栄吉　それはわかるのよ。

茂　そうだったら、自給ということを考えてもいいのでないか。ただ、自給といっても、それによって栄養のバランスがくずれるんだったらだめだけれどね。にわとりを飼う農家がずいぶん少なくなったというけれど、そうなると、すぐに金ということになる。

金をとる間口をうんと大きくすると、こんどはひまがなくなって、すぐ金を出しててっとり早い生活をしてしまう。そうすると、どこかの農家がつくったキュウリを冬に食べるというような季節感のない生活になっていく。金をとる間口が大きくなっても、出すほうの間口もうんと大きくなっているわけだ。竹ずっぽうの両方の口をあけておいては都合が悪いから、片方をふさがなきゃならない。全くふさいでしまうわけにはいかないから、軽く手をあてて流れ出るのを少なくしてみようというわけなんだ。どこの農家でも二〇〇〜三〇〇万円の金はとっているんだよな。そして、米や味噌、しょうゆ、野菜なんかは自給できる。必要なものまで買うなということではなくて、自給を崩さなければそれほど金に困らないのではないかと思うのよ。

このあいだ役場でこんな話をしていたら、小使いさんが「昔の油は凍ったけれど、今の油はなんぼ寒くても凍らない」という話をしてくれた。俺たちはせいぜい七〇歳ぐらいまでしか生きられないわけだな。金という尺度でその七〇年をはかってしまうと、俺らは都会にくっついて、都会に対するサービス業みたいな形での生き方だったということになる。そこを、俺らの出発点は違うんだということで尺度を変えてみると、もっと別なものが出てくるだろうと思う。純粋なものを食うというようなことが、ほんとうの豊かさでないかな。終戦当時、都会の人がなんぼ金をつんだって、物がないときはどうにもならなかったよな。農家ならその気になれば、リンゴだって牛乳だって自給できるからね。ストレプトマイシンの入った配合飼料を食わせて搾った牛乳を、おっかなびっくり飲むなんてことはしなくてもいいわけだ。砂糖はなくても蜂蜜があればいいんでないかとか、とにかく、自分の健康を第一にした生活ができると思う。そう考えると、稲の防除なんて何でやるのかというような論法も出てくる。

こういう方向でいけば、サラリーマンの給料が五倍になったたって驚くことはないのではないか。それほど金がなくたって豊かな生活ができるんだよ。サラリーマンは、たとえば一千万円たまったとしても、家を建てるということになればすぐになくなってしまう。俺たちは先祖からもらった家があるわけだ。その人たちは一生働いて後をふりむいてみたら、残ったものは家と子どもだけだったということだ。それだってていどのいいほうで、ふつうはアパート暮らしなんだからな。俺の家は一五〇年も昔のものだけど、溝の中に釘一本だってささってない。昔の大工というのは、建前のときに鋸を使うと「あの大工は鋸大工だ」とばかにされたという。そういう芸術品みたいな家の中で暮らしているという誇りを持てば何のことはない。そういうことは、俺らの先祖が二千年もの伝統の中でやったことなんだから、それを受けつぐということを考えてもいいと思うんだ。封建的なぐちゃぐちゃした面なんかは除いて、伝統のいい面を受けついでいくということだ。そういう家は、すき間風が入って寒いというのなら「二五度」（焼酎）でもやって、『農業は農業である』を読むというのもいいんでないかい。（笑）そういう心のゆとりが必要なんじゃないかということよ。金に追いまわされたら、どんなことをやっても尻に火がついたみたいなもので、どうにも止まらないということになるのではないかと思う。

年寄りのすばらしさを見直す

栄吉　ここにきている人はみんな、そういう論理はわかると思う。ところが、自分のむらに帰ったとき、その論理をどういうふうに仲間に広げていくかという問題がひとつある。それと、行政をすすめる人というのは、簡単にいえば「金の論理」で住民のことを考えてくれる。そういう問題を解決する自信が私にはないんだな。

同じ農家の人でも、いまの話された論理を実践していける人というのは、いまの段階では非常に少ないと思う。

茂　栄吉さんは開拓農家ではないんだろ。

栄吉　違います。

茂　それなら、むらの年寄りと話してみるといいと思う。俺のばあいも、今までは比較的若い人と話す機会が多かった。そうするとガキ大将みたいな感じになってしまうのよ。去年あたりから、おじんちゃ、おばんちゃと話す機会が多くなった。俺がなぜ麦をつくったかというと、理屈で裏づけると確かに土を守るとか、それにみあった家畜を入れて自然循環をはかるというようなことになるけれど、実際のところ、年寄りと話してみてやる気になったんだ。おじんちゃ、おばんちゃというのは、実際、いろんなことをよく知っているものだ。

そればかりでなく、年寄りと話してみろ、ということのもう一つの理由は、実印を持って土地の所有権を持っているのは、だいたい、そこのおじんちゃだということ。

あるばあさんと話していたら、「茂さん、昔からカマスに入るもので売れないものは何もないというぞ」ということをいわれた。そこから麦をつくるというヒントを得て、それと理屈が結びついたわけよ。ところが年寄りはあまり話したがらない。理由があるんだよ。たとえば、薬草。いまだったら石油からとったような薬を使うんだけど、たとえば虫下しだったら、ノグミの根っこと何とかの根っこを使えばいいという。ところがそれをみんなに教えると、根こそぎとられてしまうっていうんだな。百姓だったら、自分の必要なだけとっておけばいいものを、いま何でもかんでも根こそぎとらないと気がすまないという人が多くなってきたから、教えないのもあたりまえかもしらん。

今までは、この日本の中でそういうことがやられてきたのよ。俺たちも分別ざかりになって、会で話しているようなことを話すようになると、部落の年寄りたちには「おまえも分別ざかりになったな」と納得してもらえるんだね。そうすると、おじんちゃたちが実印を持っているんだから、簡単に土地を売るようなことはできないわけだ。そのへんから、だんだんと若いほうにも影響が出てくる。外に働きに出て、その給料を全部車につぎ込んでいるというような若い人が多いけれど、おじんちゃがしっかりしているところでは、「ちょっと待てよ」ということになるんだ。「おまえが一人前になるまで待ってろ、それからでもいいのではないか」となるわけだ。同じ買うにしても、一年でも二年でも遅くなれば、その分、その家庭にとってはいいことなんだと思う。俺たちが得た論理を実践できるかどうかというのは、そのへんを理解するかどうかだと思うな。

ともすると、自分と同じくらいの友だちの中で、安い酒をかっくらってなれあっているけれども、年寄りの人に話すことによって、俺たちのいっていることがほんとうにわかってもらえ、息子に「おまえ、ちょっと茂さんの話を聞いてこい」というようになるんだ。案外、四〇〜五〇歳くらいのおやじたちが一番だらしないよ。自分たちは、終戦のころの苦しかったことをわかっているもんだから、息子にはあの苦しみをさせたくないというわけだな。ほんとうは息子にもその苦しみを味わってもらわなければならないのよ。そうでなく、つまり精神的な裏づけが何もないのに、物さえ与えれば、まるで心まで豊かになると思いこんでいるんだな。俺も含めて、いまのおやじたちにはそういうところがある。ところが年寄りの人はだめなときはそれをパンとつっぱねる強さを持っているんだ。だから、輪を広げるばあい、年寄りのほうが正確に理解してくれるのではないかと思う。農村恐慌というような時期に、土地を売りもしないで、とにかく農家としてじっとこらえてきた年寄りたちのすばらしさを本気になって見直さないとならないのではないかと思う。

（昭和四十九年一月）

どちらが先かの発想法

茂　きのう、厳さんがちょっといった「どちらが先かの発想法」だけどね、これは育苗器を使わないで育苗するということから思いついた。俺は育苗器を使っていたのだが、ケガの功名というやつで、ひょんなことから育苗器を使わなくてもできるということがわかった。それから三年ぐらいたって、厳さんが育苗器を買うといいだしたとき、買わないでやってみようということになった。「昔から、氷のはるようなところに種をまいても、芽を出さないなんてことはなかった」というわけよ。育苗器を買うか買わないかで一週間ぐらいも厳さんと話したよね。「俺も育苗器を使わないから育苗器なしでやってみよう」ということで、とうとう育苗器を使わないでの育苗を二人でやってみたわけだ。俺のほうはうまくいかなかったが、厳さんのほうはまるで芸術品みたいなすばらしい苗ができた。そうすると、水をかけるのも、必ず動力散布機を使わないとならないなんてことはなく、苗代に、加工トマトのそえ木に使った竹をしいて、その上に育苗箱をならべておき、苗代に水を流しこんでやる。水がいっぱいになったら、さっとぬいてやる。下に竹をしいてあるから排水は完全なわけだな。こういうやり方だと、朝飯前に水をかけてきて、朝飯が終わってから水を抜いてやるというように、労力的にも有利な面が出てくる。もちろん、朝の八時とか午後の三時ごろなどという原則は守るわけで、なにも朝飯どきに限ることではないけれどね。

「稲が先か育苗器が先か」と考えてみると、育苗器のない時代にも稲はちゃんと育ったわけだからな。こういうきっかけがあって「どちらが先か」という発想法が出てきたんだ。ところで、これをどんどん広げて考えていくと、いろんなことに応用できる。田んぼ一町四反の人が「乾燥機を買うしかないな」といったとき、やっぱりこの「どちらが先か」で乾燥機を買うなと話した。「太陽がぶっこわれないかぎり、乾燥機なんてなくてもいいんでないかい、昔は乾燥機なしでやったんだからね」ということからはじまって、けっきょく、その人は乾燥機を買わないで、その代わり、タバコ乾燥用のビニールハウスを使うことにした。その人はタバコをやっているからね。

その人の田んぼは、とにかく排水が悪くてどぶどぶしている。泥だらけになって脱穀して、それをそのビニールハウスに入れてみたら、ちょうど六反歩分入るんだな。三間に一〇間ぐらいなんだけれどね。入れてから一週間ぐらいたって、「籾すり機の具合が悪いからちょっとみてくれ」といってきたから行ってみた。籾すり機をちょっと調節してやり、ついでに水分を見てみたら、ちゃんと一六パーセントなんだよな。あんなにぐちゃぐちゃしてたやつが、乾燥機を使わないでも一週間でちゃんとした籾になっている。いったい、これがどういうことかと考えてみると、やっぱり、太陽がぶっこわれないかぎり、乾燥機が必ず要るという理屈はないということなんだね。

水田面積がでっかくて、どうしても乾燥機がいるという人なら別だけれど、小さい面積の人は乾燥機なしでもできるということだ。機械がいい悪いというのではなく、機械を入れたらどうしても「合理的に貧乏する」ことがわかっている人は、機械を使わなくても現にやれるんだということ。

このことは俺自身の問題としても考えているんだ。俺は田んぼ二町三反しかなくて、出稼ぎにいくでもなし、畑からの収入があるわけでもない。それで、特に借金しているわけでもないし、貯金もあるわけでない。それで、もしいま持っている乾燥機が使えなくなったときにどうするかということだね。それに育苗器だって永久に使えるというものではないからね。そこで、育苗用のパイプハウスを建てて、それを、籾の乾燥にも使うということにしたらいいんでないかと思っている。それに育苗から乾燥の間は使わないわけだから、タバコをやっている人と共同して、その間、タバコ干しに使ってもらってもいい。そうすると、いま乾燥機は四〇～五〇万円しているからね、その分稼ぎ出したことと同じことになるんじゃないかと思う。何も規模拡大しなくても、支出が減るわけだから、その中で農業をやっていくことができると思うわけよ。

今、俺は永久農法というのを考えている。アグリカルチャ・パーマネント・システムというやつ。(笑)今まで、三年も五年もかけて交流会で勉強したことを基礎にして、ひとつの農法みたいなものを理論化できるのではないかという気持になっている。まあそれも、進んではつきあたり、進んではつきあたりということなんだけれどね。

あちこちの農家の人と話してみると「機械化貧乏だ、機械化貧乏だ」という。だから、「貧乏にならない方法は……」と話すと、「おまえは、大資本がどうしたこうしたといつでも喧嘩腰になる」といわれる。つまり、いくら口でいってもだめで、自分でやるしかないということなんだな。現に、俺の仲間の人が乾燥機を使わないでやってみせると、「ああ、昔から乾燥機なんか使わなくてもできたんだな、それを必ず使わなきゃできないと思いこまされてきたんだ」ということが、しぜんにみえてくるのではないかと思う。それでわかんない人は、合理的に貧乏するしかないんだ。一度やってみて気がついたときに戻ってくればいいと思う。こんなことを考えているんだけど、みんなの批判を聞きたい。

慶一　ハウスの大きさはどのくらい。

茂　俺はタバコをつくったことないからわかんないけれど、長さが一〇間で、幅が三間ぐらいだな。それから干し方もいろいろ工夫しているんだな。苗代に使ったビニールをとっておいて、それを地面に敷く。たぶん地面の湿気を遮断するのだと思う。その上にワラを敷く。その上にムシロを敷く。シートでもいいけれど、今のビニール製のシートはだめだそうだ。そして、一日目がたいへんらしい。六反歩分の籾を一日目の夕方に一度、全部寄せないとならないという。これはどういうわけかはしらないけれど、とにかくそうしておいて、次の日にひろげたら、あとはそのままでいい。換気はするけれど、あまり神経質になることはないと思うね。蒸発した水分は、丸屋根になっているビニールに全部付着して、ビニールをつたって落ちてしまうはずだ。

秋夫　やはり、すそあげなんかはやるんだろうね。

茂　そりゃ、やらなければならないと思うね。その人のばあいは、東西に長く建てて、南側の面積を大きくしていて、換気は上のほうをあけていたみたいだな。

俊一　それは生籾を入れるのかな。

茂　その人は手で刈ってるから、まったくの生というわけではないな。

耕士　今の話にあった一日目の夕方に籾を寄せるということね、俺も理屈はわからんけれども……。俺たちも、以前、稲こきは田んぼでやった。もちろん杭がけして、あるていど乾燥して水分は一六パーセントぐらいでそのままでも籾すりできるやつなんだけど、むしろを田んぼにひろげて脱穀したのをそこに入れる。いまでは、コンバインやハーベスターが入って、そういうことはやらなくなったけど……。そうやってひろげておいた籾を、昼ごろになると寄せて袋につめ、家にもってきて籾すりに入れるわけだ。どういう理屈かはわかんないけども、寄せることによってぬくもりが保たれるということではないかな。

秋夫　それはむしてやるという意味があるのではないかな。牧草でも同じようにやる。夜露にあてないということもあるけれど、集めるとむれるんで、その熱でまた乾燥するんじゃないかな。

発想がしばられてはダメ

俊一　その乾燥のことでいえば、私の部落でも八反歩とか一町歩の田んぼで兼業しながらやっているような人の中には、早く終わった農家に乾燥機を使わせてもらうというようなことはある。しかし、自然乾燥でやるというような人はほとんどいないな。

エサの自給ということでも、「自給しないとならない」という気持だけあって、実行にうつす段階でもたもたしている。茂さんのばあいは決断がいいんだな。（笑）「どうしてそんなに決断がいいのかな」と考えてみた。どうも「太陽はぶっこわれない」なんて考えているところが、俺なんかと違うところかもしれないな。（笑）

秋夫　そうだな。それ以外のものはたいていぶっこわれてしまう。（笑）

俊一　乾燥機が出てきてからは、むしろで干すなんていう発想は、なかなか浮かばなくなっちゃっているんだね。私自身のことを考えてみても、簡単にできる仕事、確実なやり方、それには金がかかってしまうのだけれども、そういう方向にいってしまうんだよな。

茂　ビニールハウスで籾乾燥をやるということにも疑問はある。昔のようにまったくの天日乾燥でやるのとは違い、ビニール代がどんどん高くなるというような問題は必ず出てくる。だから、どうしても乾燥機を使わなければならない人は使ってもいいと思う。ただ、発想が乾燥機一本にしばられるのではなく、それ以外のいろいろな方法があってもいいと思うのよ。考えてみると、乾燥機を使うにしても、必ず秋にだけ乾燥機を使うという理屈はないわけで、一年じゅう使ったっていい。使わないのなら、それはそれで、家族労力を充分に生かしたような方法があると思う。とにかく、何かひとつの方法しかないと思い込むのは間違いではないかということだな。

ビニールハウスでタバコの乾燥をやっている人と組んでやるばあいでもね、「俺の考えは絶対だ」なんてひとりよがりやエゴイズムになってしまってはダメだね。そんなやり方では、誰も話にのってこない。ひとつの方法を絶対だなんて思いこむと、そういうようになりやすいからな。たとえ自分が優秀な技術を持っていたとしても、「俺もわかんないけども……」というような話し方になると思う。

それから、いままでの農家は自分が優秀な技術をもっていても教えなかったね。本当の農家は教えなかった。そのとき「よし真似はしないであれ以上のことをやる」という気持になればいいのだが、「あの人はすみにおけない男だ」なんてけなすことのほうが多いみたいだね。教えてもらううちは、その人を追い越せないということははっきりしているのだが……。人間関係をうまくやっていかないとだめだね。

問題は発想がしばられてしまっては、だめだということ。たとえば、「複合経営をいう人は何でも細かくいろいろつくれというが、とてもできないなあ」という人がいるが、これは表面だけをみているのだと思う。「自分でつくったものを自分で食べろ」ということが大事だと思うんだな。そういう原則をふまえて、あとは自分で応用しなければならない。人間関係がうまくいっていれば「俺の家でダイコンつくるから、おまえの家はホウレンソウをつくれ」ということで、隣近所で交換してもいいだろうと思うのよ。自分たちでつくったものを食べるというのが原則。自分でつくったのであれば消毒したかしないか全部わかるわけだから、虫がいたらよけて食えばいいということになる。基本原則はいままでいろいろと話されてきたのだが、その段階はもう卒業してその応用を考える段階だと思う。いろいろなことに応用できると思う。ある人に聞いたのだけれども、自動車だって、耕耘機に使う溝の深いタイヤをつけると、どこにでも入っていけるという。ティラーのかわりもできる。かっこうを気にしないのなら、いろいろなことができる。自動車で金持の気持を味わおうというのなら別だが、農業をやるというのなら少しぐらいガタガタいってもいいんでないかと思う。そういうように応用しようと思うといろいろとあるものだ。

(昭和四十九年一月)

共同はなぜ難しいか

実　ここの中で、共同でトラクターを使っているとか、共同で農機具を使っているという人がおりましたら、ちょっと話をきかせてもらいたい。

俺たちは七人で二台の大型トラクター（四五馬力）を使っているんです。経過をいいますと、構造改善事業の中の近代化資金という項目の中で、四〇戸の部落に大型トラクターが六台入ることになったわけですな。それを四〇戸が六グループに分かれて共同で使ってきたわけです。機械化されてくると一グループに一台ではたりないということで、グループごとにもう一台ずつ入れて、六人とか七人で二台のトラクターを共同で使うということでやってきました。

ところが、去年、解散するというグループが出てきた。まあ、構造改善ということで、県のほうからおしつけられた共同だからしかたがないといってしまえばそれまでだけれども、それなら、なぜそのあとに二人とか三人とかの共同ができないかということなんです。

やっぱり、金がなければ共同してやっていくという気持が強いのだけれども、今年みたいにコメがいっぱいとれると、「俺は自分でやる」とか「人から指図されたくない」というような気持が頭をもちあげてくるのではないかと思う。まるで意地あらそいみたいなところがあって、共同がこわれてきている。

今ならトラクター一台三〇〇万円ぐらいだね。いままでは三人で一台の割合で使ってきて、充分にやってきているんだから、せめて二人で共同しようということになってもいいと思うのだけどね。何回そういうことをいっても、とにかく意地の張り合いで「頭さきた」っていうわけ。なんともならない。その「頭にくる」問題を何とかしたいんだけでも、どんなふうに考えたらいいんだろうかと悩んでいるんですが……。

競争心が激しいというのか、片方が三五馬力のトラクターを買えば、一方は四五馬力を買うなんてことになっているわけです。むらの中でね。何か根強いものが残っているような気がするんだけど……。

俊一　俺たちの部落のばあい、トラクターは田植機械がふえるのに並行してふえた。田植機が入るまえは俺と文策さんともう一人の人の三人で一台のトラクターを使うというような共同もあったし、あとは、耕耘機を使って個人でやる人もいたわけだ。ところが田植機が入ってくると、稚苗植えだから、代かき期間をかなり短縮しなければならなくなった。共同でトラクターを使うばあいは植えるのが早い人と遅い人が出てくるという問題が出てくるし、耕耘機を使っていた人は能率が悪いということで、個人で所有できるような小型のトラクターを入れるようになった。手植えのころは俺たちもまだ三人で共同していた。そのころは、荒代までそのトラクターでやった。植え代になると、飛び田になったり、植える品種によってしろかきの順序が違ってくるということで、一台のトラクターでは能率よくできないからね。そのうち機械植えになると、代かき作業をますますはかをいかせなければならなくなり、一人の人は個人でトラクターを買った。いまは残った二人で新たにトラクターを入れて共同をやっているのだが、そのばあい、俺は手植えで、もう一人は機械植えなので、そっちのほうの代かきが終わってから、俺が使えばちょうどいいわけだ。田植機械がふえてきて、機械化が進みはじめると、また別な面の作業にも機械を入れなければならなくなる。機械は、なんぼでも次の機械を呼んでくるんだわい。

みんなの作業が重なるという問題

実　七人共同で一台のトラクターを使っていたころは、夜も寝ないで交替で使っていた。二台になっても、前と同じような使い方をすれば、なにも個人でトラクターを買うことはないわけだな。だけれでも、なんていうか、少しでもゆとりがでてくると「自分で買う」といいはじめる。俺は「なんのために百姓しているんだ、トラクターを車庫に飾ってもしようがないべ、乗用車のデラックスなやつを飾ったほうがよっぽどいいんでないか。トラクターというのは農業をするための道具にすぎないのだから、そんなものに余計な金をかけることはない、どこのタクシー会社だってデラックスな乗用車なんか使わずに、みんなスタンダードという安いやつだ」というんだがね。ただ、こういうことは誰でも知っていると思うんだけど、「個人でもって、誰からも指図を受けたくない」という気持がどうにもならないんだな。そういう気持の問題を何とかできないものかと考えているんだが……。

茂　俺も含めて、農家というのはいままで物を持っていなかったから、物を持つということが心の豊かさにまでつながると思いこんでいるのではないかな。

でっかいところで金をとられることを忘れて、小さいところで対立しているうちは共同なんてできないな。俺も九人でトラクターの共同をやっているが、一回もトラブルなんて起こしたことがない。

がまんしているのかもしれないけれど……。（笑）そのかわり、うなうのも荒くれも、九人分全部俺がやっている。実さんのところは最初の約束ごとというのはどんなことだったの。

実　構造改善をやったとき、地域ごとに面積を割って、そこに入る人はみんなグループに入るという、おしつけられた共同だった。

茂　おしつけられたものでも、機械を買うときの約束ごとはあるだろう。

実　償還のばあいは面積割り、経費は青メーターをつけて、使ったぶんをそれぞれ払う。ところが、実際にやってみると、たとえば半日ずつ使って次の人にまわすということになると、四町歩の人はその時間内で次々と作業をかたづけていけるが、六町歩の人はどうしても残ってしまう。そうすると六町の人は、償還のときは面積割りなのに、使うときはみんなと同じということに文句をいうわけだね。だからといって、その人が一日じゅう使うと、四町歩の人は半日なにもできないということになってしまう。

茂　耕耘するときは、こういう条件でやること。負担金、事務所はこういうふうにやること。帳簿はどういうものをそろえること。もし脱退するばあいは、たとえばいままでの出資した金は返さないとか、修理代は反別割りにするとか、そういうとりきめがあるでしょう。そこをはっきりさせれば、解決する問題もあると思う。

義治　私のほうでも、だいぶあったトラクターやコンバインの共有というのは減ってきている。使用上のとりきめという問題も多分にあるのだろうが、いちばんの問題はなんといっても農作業の季節性の問題だね。特に積雪の多いところはなおさらだ。雪どけから田植えの期間がいそがしい。コンバインのばあいだと天気の問題。自分のところをやるときに雨にでもふられると、それは米質まで影響してきます。そういうことになると「ゼニカネの問題じゃない」という気持になって、無理をしてでも機械を買ってしまう。

皆さんの話を聞いていますと、トラクターを共有とか個人有という形で持っているようで、そうなりますと、その地域にはかなりの台数が入っていると思います。そのばあい、賃耕にまかせるというのはどうなんですか。私は田んぼ三町二反をつくっていますが、耕耘機もトラクターも買ったことがないんです。全部賃耕でやってもらう。去年のばあい反当たり二三〇〇円で一週間ぐらいで全部やってもらった。そのほうが得ですね。

求めた共同か与えられた共同か

美男　実さんたちの共同と茂さんたちの共同は、最初から違うのではないかと思う。実さんたちのばあいは機械を買ってもらったという気持がかなり強いと思う。構造改善の中でセットになっておしつけられたものでしょう。茂さんたちのばあいは、仲間がそれを望んで、それから買ったわけだね。そのへんの違いでないかな。片方は補助も出しますし融資もしますということで、それほど苦労しないではじめるという、与えられた共同なのに対して、片方は自分たちから求めた共同だ。そこが違ってくるのではないかな。

巌 そうだね。それにプラスしてだが、求めた共同であってもこわれていくばあいがあるな。それはなぜかというと、金の面だけを考えて、計算して、これのほうが安いからという共同が多いからだと思う。個人で買うのはもったいないという金の面だけから共同に入るから、そういうことになるのではないかな。

俺もバインダーの共同をやったことがあるが、共同で使うばあいには、利用面積が広がるのだからこわれるのも早い。それから、義治さんがいった季節性の問題だって、共同でやるかぎり当然でてくることは最初からわかっているわけだな。そういうことをふまえて共同に入らなければダメだな。

孝 私、個人有の農機具というと乾燥機一台だけで、あとはぜんぶ共有のものを使っています。二〇年以上もまえ、耕耘機の共同利用からはじめて、いまだに共同の機械を使っているわけです。

そういう経験の中から、素直なことをいわせてもらえば、本来、百姓というのは自分で持ちたいという欲望をもっていて、そのほうがいちばんいいわけですね。ただ、その中で、共同したほうがなんらかの利益を得ることができると認めあった連中だけが共同するということで、共同が成り立つのだと思う。なおかつ、その共同の合理性とか、条件みたいなものは綿密に考えておかなければ、不都合なことが出てきます。

私たちは、五人で、四七馬力のトラクター二台のセットを六年ほど使っています。これには、牧草機械も入っていて当時、七〇〇万ばかりかかった。それで、金の面では利用高に応じて払うということにしているので、利用料金はかなり高い。機械の償却を見込んでいかにうまく使うかというのが、毎年話し合われ、その限りではできれば賃耕なども広げていきたいと考えています。こういうやり方でどうしても金が足りなくなったばあいには、共同をはじめるとき、それぞれの規模に応じて出しあった出資金を使うことになっています。しかし、これはあくまで出資金であって、これをなくしてしまうような運営ではダメだということ。

実　トラクターのほかにスプレアーも共同で使っている。それは四〇人共同で、営農会という会が管理している。それもおととしあたりから問題がおきてきた。面積が多いものだから、共同防除をしているうちに、花が咲いてしまったというような家もあるわけだね。防除したほうがいいのかしないほうがいいのか、責任者は判断に苦しんで、くらにすわりこんで頭をかかえこんでしまった。(笑)「みんなやるということできているんだから、やるか」ということで薬をかけたところが、たまたま変質米が出たりした。四〇人のうち一〇人ぐらいが「共防はしないほうがいい」といい出したんですよ。しかし、スプレアーを買うときのとりきめごとがあるわけで、それは守ってもらわないとならないと思う。

孝　ただ、やってみないとわからない問題もありますから、やってみて具合が悪いばあいは、とりきめそのものも変えなければならないと思いますね。

機械共同がなぜ「ゆい」ほどに続かないか

文策　同じ共同でも、春の共同田植えのように何十年も続いたものもあるのに、機械の共同というのは簡単にこわれてしまうね。

孝　春作業のネックになるのは、やはり代かきですな。耕起・砕土ということなら、かなり期間がありますが、代かきは水との関連がありますし、苗との関連もありますからね。そういう点では、計算どおりの馬力数ではいかないわけですな。

博通　文策さんたちの村では、だいぶ共同化が進んでいるという話を聞きましたが……。

文策　集団栽培ということで、新聞に出たりなんだりして、だいぶにぎやかだった。ところが、兼業化が進む中で、集団栽培というような拘束された形のものはなかなか続かないな。

茂　義治さんの「賃耕してもらえばもうかる」という考え方には反対だな。機械を持つことがいいか悪いかの問題ではなく、「もうかるもうからない」という発想そのものの問題としてね。自分でやるべき仕事を他人にやってもらって、「そのほうが安いから、もうかった」という感覚が、いままで、農業をくるわせてきたんだと思う。

その「もうかった」ということの裏には、あまった労力をどういうように使うかということがあるでしょう。たいてい、別のところでその分を稼がなければならないということで何かをはじめるのだが、そこには必ず商業資本が入ってきて、稼いだ分をもっていってしまう。たとえば、キュウリをやれば、安いことがわかっていても売らなきゃならないし、ビニールハウスをつくるには金をかけなきゃならない。そういう形になって、自分から進んで収奪を受けることになってしまう。合理的に貧乏するというやつだな。「農作業がつらいから機械を入れる」というけれども、機械を入れはじめたのはここ一〇年ぐらいのことだ。その一〇年のあいだに土の問題を忘れてしまうほど、農業がバラバラにされてしまった。そういうことは案外論じられていないよな。機械が入ったからといって、馬でやっていたころより田んぼの面積がふえたというわけでないことは事実だし、機械が米をつくり出すわけでもない。そのへんのことをよく考える必要があると思うのよ。でっかい機械を入れたら、その人間まででっかくなるわけじゃないんだ。

昔は馬を使ってやっていたんだよな。いま、馬を使えとはいわないが、馬を使ってでもやれるのなら、なにも機械化一本やりでいかなくとも方法はいろいろあると思うのよ。たとえば――こういう話をすると「なんだそんなことか」というかもしれないが――今ならどんな機械でも、機械屋にいけば一万円とか三万円とかいう中古がゴロゴロしているから、それを二つ三つ買ってきて、自分で使えるように組みたててみてはどうかというようなこと。自分の経営や技術、自分の田んぼの状態にあうようにつくり直せばいいわけだよね。そういうことができないかというと、機械屋に働きにいっているのは、百姓の次男とか三男が多いんだから、そういう人と協力すれば案外とできるんじゃないかと思うのよ。俺も、耕耘機の中古を五万円で買ってきて、七年ぐらい使っているが、まだ使えるな。

「もうけ」ばかり考えるのではなく、「収奪を受けないやり方」を考えなきゃダメだと思う。いままではみんな量の話をしていたのよ。面積を広げるとか、「あれをやればもうかる」とか……。これからは質の問題までいかなかったら、必ず収奪を受ける方向にいってしまうと思うのよ。やっぱり、そこまでいかないと、ここでかっこいいことをいったって、しらずしらずのうちに収奪を受けているということでないかな。そういう収奪を受けない方向というものを考えていくのがほんとうだと思う。俺たちにはどうも、新品でないと機械だと思わないとか、買ったものでないと価値がないと思うというようなところがあって、「金、金」と考えてきたところが、かえって収奪にまきこまれる原因だったのでないかと考えている。そういう質的なものまで考えないと、どこまでいっても収奪を受けるということには変わりがないと思う。

文策　田植えの「ゆい」とか共同というのが長い間続いたのに、機械の共同がなんで続かないかということでは、機械そのものが百姓にもたらしているものが何なのかということを考えなければならないな。トラクターを買えば田植えも機械でやってみたくなる。田植機械を買えば、水がかかったら一日も早くやってしまわなけりゃならないということで、一台だったのを二台にしたりする。それから、機械植えにすると、こんどは秋の登熟期が遅れるから、短期間に稲刈りをしなければならないということでコンバインを買う。そうすると出稼ぎにもいってみたくなる。

つまり、「高い機械を買ったから、共同しなければならない」と頭のほうから共同に入っていくことになる。昔からあった「ゆい」というのは、ごく自然な形での人間関係が土台になっていたと思う。いまの機械共同にはそういう土台がないから、こわれるのがあたりまえではないかな。

孝　機械化の問題についてはどこでもいわれており、機械が入ることでは決してわれわれの生活がよくならない、茂さんのいうように収奪を受けるんだということはよくわかるんですが、一方では、その収奪をなんとか防ごうということで機械の共同利用という形が出てきたのだと思う。投下資本をいかに少なくするかという、いわゆる計算の面から出てきたものだと思う。ところが、逆にその計算の面ばかりみていたのでは農業は成り立たないということもほんとうなんですな。この全く平行した二つの考え方があると思うんですよ。

文策　だけど、機械を個人で買うにしても共同するにしても、いわゆる「どちらが先かの発想法」で考えてみてからでないとダメだと思う。つまり、経済的な面だけから「共同したほうが有利だ」ということでは、百姓の共同というのは成り立たないと思う。

孝　経済的な収奪を少なくするために共同するというのがほんとうの共同なんでしょう。「共同そのものがいい」という考えが先にくるのではなくて、「共同したほうが得だ」ということを認めあって、はじめて共同が成り立つわけでしょう。一方、「それは非常に窮屈である」ということ、どんなに合理的な共同であってもそれを窮屈に感じるということは、どうしてもいなめない。その点では、金があるというような人は個人で持ちたいというのがいつわらざる気持だと思う。

ただ、最近とくに逆説めいたことを考えるのですが、それだけ損をしたくない百姓、つまり収奪の対象になりながらも金がほしいということは、逆にいうと農民がいかに農業を愛し、大事にしているかということだと思うわけです。つまり、出稼ぎを進めるような機械化をして、損をするのであれ得をするのであれ、たとえ非常に効率が悪くても、農業のための資本蓄積をめざすということでは、農業を捨てない農民だからだと思うようになった。

現在、いわゆる機械化貧乏で、そのために出稼ぎにいく、出稼ぎするためにはますます機械化しなければならないという悪循環が無限に続いているというように、学者先生も皆さんもいいますし、百姓自身もそのことを認めています。「農協のためにはなれ、農家のためにはならず、農家は借金が多くなる」ということは、われわれ自身がいちばんよくわかっているわけですな。それなら逆に、それまでして農業機械を買うという農民心理というものは、あくまでも農業を捨てていないということだと思うわけです。こういう考えはおかしいですか。

共同を困難にするもの

茂　ちょっと視点を変えてみると、なぜ田植機が入ってきて、昔からやっている「ゆい」がこわされたのかというようなことが見えてくる。「もの言わない農民」というのは、弱電メーカーにしろ何の工場にしろ、使いやすいのだろうと思うのよ。農民は、一旦約束したことはどんなに苦しいことでも必ず守るしよ。途中でやめたり、仕事中にさぼったりというようなことは絶対にやらない。工場を経営するような連中は、そういう農民がどんどんほしいのよ。そのために、農村に機械を入れるわけだ。その入れ方もうまくやっている。「田植えの技術はこうなっていて……」と、まるで米がいっぱいとれるような話をしてくる。俺たちのところで、田植機を使って反当たり一〇俵の米をとっているかというとあまりいないはずだ。手植えのときは一二俵どりだって現にやったんだよ。「山田のおやじ」と称して、条件の悪い田でも苦労してやったものよ。それで、「こんなにつらくてはしようがないから」というわけで、機械を入れ、機械屋にせめられて合理的に貧乏した。機械を入れてみてわかったのだが、機械を入れたのだから、機械代だけで収奪を受けると思ったら大間違いだよ。実は、機械屋の後には農薬屋が待っているんだ。田植えを早くやって、手植えのときよりも水がかかっている期間が長くなるんだから、雑草もよけいに生えるわけだ。そのうえ、軟弱な苗を植えるんだから、必ず消毒しなきゃならない。そうするとまた、農薬と農薬を散布する機械を買わなきゃならない。そういう収奪がどんどんくり返されるわけだ。

それから、五月の一五日ごろ機械植えしたやつが必ず一二俵とれて、六月一日ごろ機械植えしたのは必ず一二俵以下なのかというと、そんなことはない。近所に、部落全体が寒いところがあって、そこでは機械植えをするのでも六月一日ごろにやって、いとも簡単に、一二俵とっている人がいる。俺たちは早く植えるということがほんとうに収量を上げるためだと思いこまされているのではないかと思うのよ。手で植えるばあいだって、「畑苗代なら五月一五日ごろに植えないとだめですよ」といわれて、一所懸命、ビニールをかぶせたりするよね。そういうやり方で必ず一二俵とっているのかということだ。まあ、とっている人もいるだろうと思う。しかし、基盤整備をやって、麦をつくったあとで、六月二五日に植えて一一俵とっている人がいる。たいして堆肥も入れていない。こういうことを、いったいどう考えるかということだ。早く植えると必ず収量が多いと思うのは、ただ、そう思いこまされているだけではないかと思うのよ。発想がしばられてはいないかということ。

もし、遅く植えてもとれる技術があるんだったら、機械の共同を進めるばあいでも、「早くやりたい人は先にやってくれ、俺は六月一日に植えてもとる自信がある」というようにできるわけだ。そういう技術だってほんとうにあるんだよ。

孝　ただ、茂さんのいうことはわかるとしても、近い将来、必ず機械植えに移るだろうということはいなめないと思う。

茂　いや、俺は機械植えはダメだ、といっているわけではないんだ。そういうことではなくて、たとえば、共同でやるばあい五月一五日に植えなきゃならないということで、夜ライトをつけて荒くれをやんなきゃなんないというように考えてしまうことはないだろうということなんだ。そういうひとつだけの技術にこだわることはないだろうということ。

浩　同じ共同でも、稲単作地帯とうちらのように畑作がかなりあるところでは考え方が全然違うな。うちのほうの部落では畑の仕事と組み合わせてやるのでトラブルはない。稲単作地帯では、一軒が水を入れれば部落全体いっせいに水を入れるというように、まるで競争みたいにやる。そういう部落では個人で機械を買うのがうんと多いみたいだ。

（昭和四十九年一月）

自由な農業とは

茂　農業のあり方を食生活と結びつけて考えているのだが、ＰＴＡの会合で一緒になった人が、玄米食をやっているので玄米を三五〇俵ほど見つけて欲しいといっていた。そのグループは、玄米に豆とゴマの油を入れて食べているという。その人たちは肉とか魚、卵はほとんど食べないそうだ。いまの豚だったら、内臓はとっても食べられない代物だ。病気もっていない豚のほうが少ないな。胃潰瘍みたいなのがうんと多い。

勉　牛だって同じだ。牛の第一胃にはびっしりとじゅう毛があるものだが、あれがすっかりなくなっている牛がいる。

茂　玄米食の人たちもそうだと思うが、最近、「本物を食べる」とか「農業見直し」ということが簡単にいわれるようになった。俺たちが考えている農法論とは全く違う次元で、そういうブームにのせられる危険性があると思う。だから、除草剤も農薬も全然使わない米を持ってきたら、なんぼでも高く買うというようなことをいう。農法論のような内容もなにもなしに、「節約は美徳だ」なんていわれると何かおかしな気がする。こういうのは、条件が変わると、いつでも元に戻ってしまうのではないかと思う。

それはそれとして、米に毒をかけてつくって、それを本物だなどとはいえないはずだ。

実 農業の意味だが、自分の生活のためにやっているのか、日本の国民に食糧を供給するためなのか、それとも、農機具とか農薬のメーカーという工業を発展させるためなのか、多くの農民はそのあたりをはっきりさせていないのでないか。

厳 守田先生が「農業は暮らしそのものなんだ」といわれたが、俺はそれでいいと考える。農業を職業として選んだというのではなく、俺が生きていくということが農業そのものだという考え方だ。

歴史的に農民がどのように位置づけられてきて、いまはどういう位置にいるのかということは、おおいに勉強する必要があるとしても、そのことが俺の自由を束縛するということではない。工業がどうあろうと、また、どう変わろうと、俺は農業することで暮らし、それが楽しいということ。自由という言葉をいまの俺の暮らしの中で、そんな簡単に使っていいのかな、俺の自惚れではないのかなと思いつつも、やはり自由だなという気持でいま百姓をやっている。「農業はおもしろい」とか、いろいろな表現はあるだろうが、いちばん適当だと思うのは、俺にとっては、「自由」ということだ。工業がどうなろうとそれはどうでもいいことだ。

食い物の話で言えば、まず自分が食うためにつくり、余ったのを売るということ。余って売る部分が九九・九パーセントであっても、あくまでも〇・一パーセントの自給のためにつくるということだ。

実　以前は、自分の田でつくったものの余ったものを売り、冬はワラ仕事をして、やはり自分の家で使うものをつくって暮らした。それで生活できた。現在は、半年は農業で、あとの半年は銭稼ぎをしている。

この会にきている人は、厳さんのように、自由な、そして知恵のある人たちだと思う。しかし、生活のほうが先になって、こういうところにこれない人がいる。ここにきている人は、茂さんなんかは金までいらないような人だからまだまだ余裕があるけれども……。（笑）

この会の話し合いでは、いろいろと話し合ってきて、農業は自由だ、人間の生甲斐だというような段階にきた。あとは、この会で何を話すか。頭打ちになってはダメだと思う。茂さんたちは、たとえば基盤整備というような問題は卒業してしまっているのだが、それをいまの段階で見て、不況下で出稼ぎ仕事がなくなり、そこで基盤整備がやられるとますます労働力が余ってくる、というような問題を、いまの段階でもう一度繰り返して話し合う必要があるのではないか。

茂　金を持つことが悪いというわけでないが、金をためてみたっていったい何をやるかということになるとはっきりしたものがない。

ところでこの会ではみんな自分自身のことを言ったほうがいいのでないか。自分自身が変わらないで、グループだ部落だといってもはじまらない。農家は、あの人のやっていることがいいということになれば、教えなくたってその人についてくる。俺たちのグループにも大きいトラクターを入れて借金を抱え込んでいる人だっている。こんな話をいつでもやっていてもそうなる。わからない人を無理やりこっちをむかせようとしても土台ムリな話で、自分から変えていくということからはじめていくのがほんとうでないか。そういうふうにいろいろ考えていくと、金なんて、そんなに必要ないのではないかということになってくる。借金があるうちは、とにかく返さなきゃならないからそういうわけにはいかないけれどね。

巌　俺のばあい、数年まえ、宅地を移して、家と作業舎を新しくした。そうしなきゃならないほど不便なところにいた。そのころは、子どもたちには俺の味わった不便を経験させまいと思って、非常な無理をして宅地を買い、五〇坪の家とその倍ぐらいの作業舎を建てた。それをいっぺんにやってしまったため、非常な負債を背負った。借金があるわけだ。しかし、一年間やってみて、その借金がふえていくのか減つていくのかだな。ふえていくような経営では、ここにきていくら調子のいいことを言ってもしようがない。減らしていく方法を、それも、子どもを養い、親も安心させていく中でやるということは、あたりまえのことであって、素晴らしいことでも何でもない。このやり方について、俺は自給的な複合経営でやっていくのがいちばんいいと思って、いまやりはじめている。近年、それが効果を現わしてきて、冬の間でも比較的のんびりと過ごせるようになった。

実　俺のところも、おやじがポックリ亡くなったので、四十二年から俺が経営をやることになった。

そのころ最高に負債があった。今、それが減ってきている。そこでは、会で話し合われたように、できるだけ機械は買わないようにしてきたりしている。ところが、ちょっとゆとりができると、新しい車にも乗ってみたくなる。欲望を満たすために金が必要になり、そのために働かなきゃならないということになるわけだが、会では、その金銭的な欲望を抑えて、精神的というか、気持だけの「ゆとり」という経営に持っていくというような感じで話されている。ここのところは、自分ひとりがそうやろうとしても、なかなか消化できないような気がする。

茂　簡単なことだが、「待つ」ということができないでいるのではないか。スプリングだって、いちばん縮んだときに最高の能力を発揮する。何でもかんでも総花的にやろうとすると、聖徳太子がいくらあっても足りない。何かしようと思ったら、二年間なら二年間待ってそれからやってもいいだろうと思う。金のことをそれほど気にするのなら、一年間全く支出をおさえると二〇〇万や三〇〇万は残るはずだ。金を残すことばかり話してもそれに心の豊かさが結びつかないとしようがないから、精神的な面を強調しているのであって、金が絶対イヤだとか、不潔なものだとは思っていない。

東一　ものの考え方だと思う。近くに県の公社事業で建てた三〇頭の牛が入る素晴らしい畜舎が二棟ある。毎日のように見学者がバスでくるような代物。ところが、牛に人が飼われているような感じで、二カ月にいっぺんぐらい集まる飲み会にも、友人の結婚式にも出れないような状態になっている。そういうのを見ていると、自分自身で自分の歩く道を開いていかなければならないと思っている。

まわりが荒れると自分も荒れる

周作　皆さんのいうこともわかる。わかるというよりも、俺自身わがままな性格だから、隣に何かあっても俺は知らないでいるというようなところがある。いわば、悠々自適の生活ということだ。しかしそれを裏返してみると、そういう生活をするには、ものすごいエネルギーがいることだと思う。だから、それをやれる人とやれない人が出てくると思う。俺の経営面積を、ここに集まっている人の中で見ると、実に恥ずかしいぐらいなものだ。そこでそういう生活をするとなると、俺自身、体がガタガタになるのではないかと思うほどのエネルギーが必要だ。

それと、これは作目の関係もあると思うが、果樹のばあい、人は人、俺は俺というようなことをいっておれないようなところがある。リンゴのばあい、俺が部落で共同防除を推し進めたそもそもの発端は、やはり自分の経営のためだ。それは、自分の畑がみんなの畑の中にあって、まわりがみんな捨てづくりになってくると、いくら自分のところだけを防除しても効果がない。そうなると周囲の人がよくならないと、自分自身もよくなることができない。それで共同防除をやった。まわりもよくなり俺もよくなった。ところが、みんなリンゴつくりに一所懸命になってくれるといいけれども、もともと、他に所得の基盤があって捨てづくりをするぐらいだから、共同防除を維持するために要するエネルギー、単に精神的なものばかりでなく、時間的にも莫大なエネルギーがいる。俺は、金なんか欲しくない、自分の畑をよくするだけの時間が欲しい、自分のことのために、まわりのこともやらなければならないという矛盾が出てくる。
今まで、行政のペースあるいは資本の枠の中にいれられて、生産の型も大量生産、そして大量消費がいいという感じできた。われわれ自身、あらゆるものをつぎ込んで、大量に生産して少しでも多く売るという形にはまり込んでしまっている。そこから抜け出すときに、自分自身で気がついてそれをやればみんながついてくるというけれども、そこまで持っていくには莫大なエネルギーが必要だ。だから、やはり、「俺もやるからおまえもやるべ」という働きかけもやはり欲しいところだ。

茂　さっき、自分のことをやればいいといったことにひっかかっているようだが、いま周作君がいったようなことは、いうまでもなく、基本的に必要なことだ。

実　茂さんは共同防除というものを経験していないから、仲間への働きかけの問題というのは実感としてわからないのではないか。俺らのところでは、去年まで八年間、四〇軒一八〇町歩の全面共同防除をやっていた。それが、五〇年度から分解してしまった。自分だけでなく、みんなのためにもと思って一所懸命やってきたけれども、ガッカリしてしまった。

茂　共同ということでは、九人でトラクター共同をやるなど、やっていることはやっている。オペレーターになる人がいないから俺がトラクターに乗ることになっているが、そういうことは、特別ロに出していうほどのことでもない。共同のむずかしさというのを悩んでいるようだが、自分一人でひっぱろうとするからではないか。

「田畑にしばりつける気か」といわれるほどに

周作　いや、全部、共同でやろうというのではない。たとえば、トラクターにしても、肥料ふりまでやるかということだったが、それはやめさせた。そういうふうに、ある線までは共同でやったほうが有利だけれども、それ以上のことはやめさせる。新品種を入れるということについても、現在、俺よりも経営面積が大きい人で出稼ぎや日稼ぎにいっているというような人、そういう人をひき戻したいわけだ。それは、俺自身がよくなるための条件でもあるわけだ。

農家経営のよさというのは、経営規模ではなくて、家族がそろっているというのが第一条件だと思う。だから、みんなそういうふうにしむけたいと思うし、それが自分自身が救われる道だと思う。品種問題でいえば、いままでの県の指導方針というのは、フジが四〇パーセント、黄色種二〇パーセント、デリ系が二〇パーセントというようなものだった。市場もそういう要請で選果場を支配する。選果場は農民にそれをおしつけてくる。それをやらないと売れないというような形にしてしまう。ところが、これは、農家の仕事を全くの季節型にしてしまう。働き手がわずか二〜三人、ときには一人というような状態の中で、集中的に大量の労力がかかるという形なわけだ。実はそういう形に変えられてしまっているという問題がある。収穫にしても、一人一日大体三〇箱ぐらいなところに、一品種の収穫適期が一週間ぐらいということ、しかも、水田の仕事をやりながらそれをこなすとなると、まさに殺人的な忙しさになる。けっきょく、こなせないために品質を落としてしまって、売り物にならないリンゴが出てくる。また、そのために、米のほうでコンバインを買うなど、そういうことを繰り返している。逆に暇なときは全く暇になってしまう。だからみんな外に出ていく。

こういう形でなく、一年中なだらかに仕事をしていく形ということで、新品種の導入を考えている。いつも、田畑にしばりつけるつもりかといわれるが、そういう形で生活していくように働きかけていく必要もあるのではないか。何もそれは他人のためではなく、自分のためでもあるわけだ。茂さんが自分からの発想ということをいうが、その裏には、実は大変なエネルギーと才能があるからやっているのだと思う。

「利用もせず、利用されない」という関係

茂　才能はないけれども、ほんとうに大変なことをやっているという感じはある。ただ、人間、これをやると思ったら、大変だとかむずかしいということはいちいち言わなくてもいいということだ。九人で共同をやっているが、専業でやっているのはたった二人だよ。だから、荒くれから代かきなど全部ひとりでやるが、そんなことは、わざわざやったというほどのことでもないと思っている。そういう中で、人間関係をちゃんとしていくことだろうと思う。ただ、グループとはいえそれぞれのやり方についてはとやかく言わない。実際、手植えをしている人もいるし、刈り取りも、バインダーでやる人、コンバインでやる人などさまざまだ。俺たちのグループの人は、全然形にとらわれていない。「おう」といえばみんなで集まって自由に話し合うという形だ。会則もなにもないままに、人間関係

はうまくいっている。そういう中で、自分の生き方というやつをそれぞれに考えればいいということだ。これを、全部、印刷した人間のように、「俺もやるからおまえもやれ」みたいに押しつけてしまってはまずいのではないかと思う。

周作 俺のいうのは、働きかけが必要ではないかということ。

茂 働きかけをやらないということではなく、それをやるには、まず自分自身を変えなきゃダメだろうということだ。

それから、何かを一緒にやろうというときに、金の問題を出したらまずダメだ。金の問題を先に出して、何か利用されるという感じが少しでもあったら、その集まりはバラバラになってしまう。そうではなく、みんな同じスタートラインに立てば、そんなにわがままは出てこないし、わがままが出てきたとしても、ほとんどが許し合えるような感じで解決できる。

（昭和五十年一月）

冷害と共済

農家をふりまわす共済

実 この会で、昔の人は早稲、中稲、晩稲と三つ植えていたという話があった。その考えには、作業体系とか、凶作になったときの安定などがあったという。俺としては、コンバインを入れたもののあまり大きい機械ではないし、作業体系を考えて早稲を半分ぐらい入れたわけだが、それが去年の冷害という条件下でも平年作がとれたという結果になった。これは何もずるいことをしているつもりはなくて、自分なりに考えてやったものだし、共済金にしても、皆がもらうものをもらったにすぎないので、悪いことではないと思う。ただ、今年がこうだから来年もこうだとはいえないのは当然だ。

共済金をもらったとき、果たしてもらっていいのか、あとで返せと言われるのではないかと心配になったのは確かだ。しかし、理事の人も、金額は極秘で、実際には収量が低いのに、評価の段階からの違いで俺よりも共済金が少ないという人もいるという。

農業という当たりはずれの激しいものの中で、うまく当てたというのはプロの農民の精神ではないかと思う。もち米にしても、去年は農協がつくるなつくるなと指導したが、今、ものすごいヤミ高値がついている。

他の人よりも余計にもうけるということではないが、一年間、真剣に農業をやってよかったという実感を持ち、うまく当たったのは百姓を真面目にやったことに対するボーナスだと解釈して共済金をもらった。

栄吉　私も口にこそ出さなかったが、思ったよりもとれたし共済金ももらったと心の中で思っているひとりだ。ただ考え方の面でちょっと違うのは、まず八月の段階でかなり減収すると思って、それを補うつもりで杉の木を切った。それで、共済金をもらったとき、それをそのまま置いておいたら使ってしまうから、何かうまい方法はないかと考えた。そのうまい方法というのは、株を買うとか事業に投資するということでなく、やはり自分の家に必要な、何か「物」に変えていこうと思った。それから、いろいろな品種を入れることや、もち米を多く植えたことを、実さんは「うまく当てた」と表現したが、ちょっと違うような気がする。俺も毎年もち米を売ってきたが、植える面積は多少の変動はあるけれども、「当てた」といえるほどには変えない。

共済金制度はいい加減なものだと思う。昭和四十年ごろ、障害型の冷害がはじめて大きく取りあげられた年に、うちでは七六俵しか売れなかった。ことしは一九〇俵売っている。それで、四十年には、七万円しかもらえなかった。

幸男　共済には強制加入ということで、われわれが望んで入ったわけではない。それに、去年のばあい、これは身内の話だが、冷害とはいえ、人災という面もある。自らの努力で結果的に平年作をとったような人は、お年玉をもらったようなものだと思う。

慶一　制度そのものに問題があって、町内でもいざこざが絶えない。

明　共済金が農民を振りまわしている。ほんとうに共済金なんてもらわないほうがいい。共済制度はあったほうがいいだろうし、被害を受けたのならもらえばいいが、去年のばあい、見た目での凶作であって実際にはそれほどでもない。ところによってひどいですけどね。そういう点、農家のほうがちゃんとしていく必要がある。ただもらったから得をしたというのでは、制度をちょっと変えるていどでごまかされてしまう。こんど冷害がきたら何とするか、そこのところをつめないと、制度論議でおわってしまう。

凶作のときのデータを調べてみると、部落の中に、必ず何人か八分作ぐらいとっている人がいる。たとえば、品種を間違ったために被害を大きくしたとか。そういうようなところのつめはおろそかにして、あとは共済制度をどうするかというようなところに力を入れる。アキヒカリがよかったというデータが出ている。そうすると上っ調子にアキヒカリの植え付けが伸びると思うが、それがイモチにでもやられれば、やっぱりダメだとなる。そういう上っ調子に動くんではなく、じっくりと考えてやらねば、いつもごまかされてしまうと思う。

幸男　そうだね。共済金なんかもらわなくていい経営のあり方を考えるべきだ。その場をとりつくろう金にごまかされてはダメだ。

耕士　その場かぎりの金というか、その場かぎりというのならいいが、わたしのところでも被害の大きかったのは、山場のほうだった。山場というのは縄延び田というか、台帳面積は飯米程度だが、あとは営々として自分で切り開いた田が多い。共済も掛けていないからもらえないのだが、そうすると、農家の側にもやっぱり加入するかという気持が出てくるらしい。

正雄　共済制度は百姓にとってほんとうに必要なのか。去年、お金をもらったというけれど、何年もかけてきたお金の何分の一かにすぎない。それから、山のほうの田の被害が大きかったというけれど、果たしていままでもつくれたのかということ。米はつくれるところにつくるのであって、米のつくられないところは畑として使うべきだ。それが土を信ずることだし、いままでの百姓は、その場所、その土地に合ったようないき方を考えてきたんでしょう。そこのあたりを考えないと、ただ銭取りに引っかけられたということになる。それから共済制度というのは、なぜ米に限定しなければならないのか。そのあたり、考え方を変えなければならない。それをやるのがこの交流会だ。

凶作のとき何とかして生活を成り立たせていこうと考えると、九割まで食べる問題だ。この九割を受け持つのは女の人だ。凶作の年にはくず米が多くて、そういうときは、「かんづきこ（寒搗粉？）」という米の粉にして、ダンゴにしたりする。くず米を業者に売れば、キロ四〇～六〇円だ。業者はこれを粉にして煎餅などの菓子をつくる。そして俺たちは高い菓子を買うという仕組みだ。「かんづきこ」というのは、一度凍《し》みらせて粉にするのだが、そうすると保《も》ちがいいし、いくら食べても腹をこわさないという。これはおふくろから聞いたのだが、そういう食べ方のことはやはり女の人だ。女の人が交流会に出るべきだというのはそういうところからだ。

思い上がり

富男　うちの村では一～二町歩つくっている農家で飯米さえもない、したがって種もないという人が出ている。うちの村は南北に長い村で、やはり七分作ぐらいの人もいる。そういう中で、はじめ、収量を評価して割り振りするという話もあったが、けっきょくは、とれている人もとれない人も頭で四割カット、一律に面積割の配分ということになった。俺のばあいは一〇〇俵からの減収だが、共済金が入って平年の七割ぐらいになって、何とか維持していけるが、一律配分というのはおかしいという運動をした。適正配分を考えるべきだ。

正雄　そのおかしい共済をどうして続けなければならないのか。

勉　やめるやめないではなく、去年のようなばあい、米のとれたところの農民は、「俺たちは共済金はいらない」という、そういう告発があっていいだろう。それが米つくり農民のほんとうの団結だと思う。去年までは、収量を評価してやっていたのが、今年からおかしなことになった。あれではほんとうに困った人が救済されない。

茂　とれないというが、そこは部落の人全員がそうだったのか。

富男　そうだ。若い仲間で収量調査をしたが、五グラム、三グラムとグラムバランスで計算した。

茂　去年の冷害は、思い上がっていた農民がハンマーで頭をガンとやられたようなもので、ここに集まった人は、たいして被害もなくてよかったと思っていた。

うちのほうでの話だが、おととし一〇～一二俵とっていた人が、それと同じ農法で……、いやあれは「農法」ではなく、同じ作付け、同じ栽培方法でやったら、去年は六俵しかとれなかった。しかも五等にも入らないような青米だった。逆に、学校の先生なんかをしていて、農民が一〇俵とれているとき八俵ぐらいしかとれてない人は、去年も七～八俵・四等米をとっているんだ。だから、そこに農民の思い上がりみたいなやつがなかったのかということだ。

富男 全くとれなかった部落は別として、俺たちの部落ではそういうことがあった。俺自身、六俵とれた田とゼロ俵の田があった。

茂 昭和三十三年ごろから、それまでは水田にできなかったような土地に開田してきた。ブルドーザーを入れて田にして、ほんとうに土をつくって稲を植えるのではなくて、化学肥料と農薬で一定の収量は上がる。それでいいという思い上がりがあったのではないか。さっきの例にしても、徒長させなければいいというわけで、キタジンPをぶっかけている。だから青米のまま収穫期に入ってしまった。

「とる」と「とれる」

三郎 作物を「つくる」という意識がすでに思い上がりだ。農青連の仲間で「収穫感謝祭」をやったが、そこで、「つくった」とか「とった」という意識では感謝しようなんていう気持にならないという話になった。「とれた」というか、「俺も精いっぱいやったが自然の恵みがあってとれたんだ」という、そういう気持がなければ、「思い上がり」になってしまうのではないか。いまの農民がいちばん救われないのはそのあたりではないかなと思う。ここが農民の中でわかってくれれば、そんなに振りまわされないで、自分の人生、自分の生活を築いていくことができるのではないか。

巌 片倉権次郎さんの『誰でもできる五石どり』を読んで、年に何回も山形に通ったりして、いわゆる晩期追肥に真剣に取り組み、確かにとっていたころ、あのころは、確かに米は「とる」もんだという考え方を持っていた。それが間違いだと気づいたのは守田先生の話の中からだ。作物は「とるもの」ではなく、「とれるもの」なんだという考え方は、大切なことではないか。少しでも余計に「とれる」ために、人間が若干の手を加えるにすぎない。

冷害の話からいまの話に飛躍したわけだが、まるで、化学肥料と農薬を両手にもって、交互にふるような、伸びる稲をちぢめたりして、ギリギリのところをねらうような、そして、天気が順調なばあいは「とった！」と、天気が不順なばあいは「とれなかった」と。これはまず考え方が間違いだと感じる。

耕士　このあいだ、生産者と消費者の話し合いということで、生協のかあちゃんたちと話した。ずっと話している中で、俺はいままで間違っていたんでないかなと気づいたことがある。生産者とは誰なんだということ。米をつくるのは稲だし、キュウリをつくるのはキュウリだしよ、俺がつくっているわけではないんだな。生産者、消費者という分け方をするなら、俺がいちばん早い消費者だということになる。そこに気がついてからは、「俺は栽培者の一人として……」と言葉を変えた。誰もそのことに気づかなかったが、最後に、一人のかあちゃんが、「生産者と栽培者はどう違うのか」と質問した。（笑）

茂　俺たちに大事なものは、そういうものの見方、感じ方なんだよな。正雄君あたりは、いとも簡単に「プロの農民」というが、そういう農民になるには、ものの見方・感じ方を変えていく、それも、まず自分を変えて、そして相手も変えていくという、そういう決心をしなければ、本物の百姓にはなれないのではないか。俺たちは、年がら年じゅう集まって、こういう、つまり、ものの見方・感じ方の話し合いをやっているつもりだ。

無理した農業と共済

実　俺らのところは新しい開田地帯で、共済金を掛けるようになってから一〇年ぐらいだ。年三万五〇〇〇円として三五万。そのうち三分の一は戻っているが、感覚としては、掛けているものはもらえるというのがある。

いま多頭飼育をやっている畜産農家なんかはものすごい共済金を掛けている。そして共済組合で獣医を雇い、車に無線をつけて朝でも夜でも走ってあるく。頭から、共済がなければいまの多頭飼育というのはできないわけだね。水稲のばあい、そこまではいっていない。一〇年間掛けて、もらったのは去年一回だ。

明　共済というのは自分がもらうために掛けるのかということだね。むらの中でたまたま災難に遇った人に協力するというものだと思う。自分がもらうために掛けるんだというのはいまの共済制度の中で思い込まされたことではないか。やられたと感じるんだよな。

富男　開き直った言い方をすれば、共済制度は、凶作のときに農家を縛りつけておくためのもの。

つまり、国民に食糧を供給するのは農家だというわけで、政府が自らのためにとっている政策だと思う。

良三　うん。お上《かみ》が百姓に米を「つくらせているのだ」という発想からくる共済制度のようだ。そのためか、富男さんがいうように、共済制度は「でたらめだ」の一語につきる。しかも、掛け金は半強制的で、実さんのように自分で掛けたものではあるし、もらえるものはもらってあたりまえと私も感じる。役をやっている人もそういう指導をする。しかし、富男さんがいうように、農家が、いらないものはいらないと、共済制度を告発することがほんとうにできるのなら、そのときはまともな共済制度ができると思う。

巌　俺が最初に実君に聞いたのは、ここで共済制度の是非を論じたいためではなかったのだが……。もらうものは何でももらったほうがいいという実君の話には、農民のエゴイズムというよりも、むしろ農民の土根性みたいなものを感じた。その土根性はなんだと聞いたわけだ。掛け金は「強制」というより、法律で決まったんだから「義務」だと思うが、俺らは義務を果たした以上、災害のばあいもらうのはあたりまえだ。だから、もらうときは「悪いけれども……」なんていわないで、堂々ともらったらいい。

良三　いや、もらうときは相手の財布が空っぽになるぐらいもらうという土根性は必要だというのはそのとおりだ。それは別にして、耕士さんがいったが、山のほうで登録しない田を持っていて、共済金ほしさのためにそれを登録するというような発想は、百姓としてはやるべきでないということ。

実　今、厳さんから言われて、俺としてもほんとうのことを言う。俺にしても共済制度の厄介になったことがなかったから、共済はないほうがよかったという気はある。

俺らの部落は四〇軒だが、そこに二人の共済の役員がいる。去年のばあい、この二人では判断がつかないということで、八人いる組の班長も集めて、一〇人で部落の田をまわって歩いた。俺も班長で、一緒にまわった。そのときのまわり方は、これなら四〇八キロ以上いくというのを見て歩いた。その他のところはもらえるということだから……。ところがその後、S市の共済組合が「こんな年にもらわないともらうときがない。S市の中心で坪刈り五キロだから。このあたりは全部三〜四俵でとおる」と言うんだ。これで部落の人の考えも変わってしまった。だから自分の考えというよりも、みんなの考えにまき込まれてしまったということだ。そんな経過があって、「堂々」とはいかない。

幸男　部落の人が「あんたが被害届を出さないと困る」って言うんだね。

明　俺のところは三〇軒ほどの部落で、やはり圧力はかかったが、三人ほど被害届を出さなかった。そしたら「おまえら出さないから、俺らのところ少なくくるぞ」と言われた。だけど、俺のところは六〇〇キロを越えるので、出さなかった。

（昭和五十二年一月）

農法論議

屋根が落ちた

明　今年は出稼ぎに行かないでゆっくり休もうと思っていた。十一月は何とかなったが、十二月になって雪が降ると何もやることがない。十二月も五日ごろになると体がおかしくなった。こういうことっていうのはあるんじゃないかな。冬、ゆっくりしているという人をうらやましく思うが、何ともそれができない。体がなまってくると頭までおかしくなる。体を動かして汗を出さないと考えもまとまらない。これは俺だけの特殊体質なのかなあ。（笑）

実　酒を飲むと頭が冴えてくる人もいるし、それはいろいろあるんではないか。（笑）

茂　みんな笑うけど、明君みたいな発想があっていいんでないかい。たとえば、借財があってどうにもならないときは、ほんとうにどうするかと考えて頭も休まらない。ところが、ようやく借財をなくして蓄財もできたとなると、頭を使わなくなって、鋭い目つきもなくなる。確かにそういうのはあると思うよ。安堵感っていうのかい。目標を達成してしまうと。次の目標を持たない人はそうなりがちなのよ。

新聞で読んだのだが、タクシーの運転手が、会社に使われているのはばからしいと、個人タクシーをはじめたというんだ。そうしたら、会社にいたときはノルマがあったからやれたが、それが全くなくなったら、自分で目標を立てられない。それで不安になってノイローゼになったのが、元の会社に戻ったら治ったという。そういう乳離れしないというようなのが、いっている俺も含めて農村には案外とあるのよ。どうしてもやらなければならないときはやるのに、それが終わるとボーッとしてしまう。農耕をしていないときボーッとするというのは確かにある。農耕をしていないときは頭とか心を耕せばいいのだけれども、俺みたいに乳離れしていないやつは、どうしてもボーッとなるやつがないではないよ。

学校に行っているときテストで満点とるやつが、学校を終わってきて、いざ自分の発想でやってみろとなると、何もできなくて右往左往してしまう。そういうやつが近所にいないかというと、結構いるわけだ。逆に、学校のときたいしたことのないやつが、そういう独創性を発揮する段になると立派にやるやつもいる。明君のいったことは、そういうことに関連すると思うのよ。

明　俺のばあい、百姓の仕事をしているときはいいのよ。百姓以外のたとえば雪かきのようなことをやってもダメなんだ。

茂　みんなが言うだろうと思って最初からは言わなかったが、俺の話は、明君の出した出稼ぎの話とつじつまが合うようにと思って出したのよ。出稼ぎをやってはならないとか機械を買ってはならないと言ったこともないし、現に、俺だって機械は持っている。しかし、出稼ぎに行っても賢いやり方があるだろうということ。ここにくるかぎりは、ふつうの人とは違うというのがあるだろうと思う。日当もらえる日をわざわざ休んで、心を耕そうときているわけだからね。そうだったら、土木工事であれ何であれ、ただ労働を売って賃金をもらうということだけでなく、自分の農耕なり生活に生かせる技術を身につけるというような、俺のばあい、土蔵の改修の際、七五万かかるという見積りも立ててはもらった。それを、自分でつくる楽しみみたいなのもあって、実際にやってみたら一五万でできた。同じ出稼ぎするにしても、それが自分に生かされるようなやり方があると思うし、まずそういう考え方を持つことが大事だと思う。

畑を耕したり、頭を耕すことばかりが生活じゃないよ。一冬、頭を耕すというわけで本ばかり読んでいるわけにもいかないというのなら、自分の家の天井裏でも見てみるといい。俺らのほうで一尺ぐらい雪が降ったとき、梁だけ残して屋根が全部なくなってしまった家がある。全部だよ、見たっけが仰げば尊しよ。それも、一メートルぐらいの雪ではつぶれないような構造になっている。昔ながらの農家だよ。それが一尺ぐらいの雪で、あの合掌になっている梁だけ残して、あとは全部「こんにちは」とずっこけてしまった。

俺ら、自然循環などと口では言っているが、何をやってきたかというと、どうも三十三年ごろから全く間違ったことをやってきた。俺自身、ヨシやカヤがあるからいまでも葺《ふ》いているが、そこの家では台所改善したために、けぶすことがないのよ。上がっていくのは湯気だけ。縄もいぶしていると口ープ状になっているのだが、それを水蒸気でやっていると、堆肥と同じ理屈で簡単にいってしまう。だからたった一尺の雪できれいにいってしまう。

さあ俺も大変だということで二階に上がってみたら、一四〇年ぐらい前に建てた家だが、ケヤキに、新しい虫穴が通っていることに驚いた。古い虫穴ではなくて、新しい虫穴があるわけだ。だから、農業のばあい、ひとつを狂わすと生活全部が狂っているということだ。俺も驚いてしまってイロリをつくって火を焚こうと思っている。そしたら、部落でもそういう人が四〜五軒ふえてきている。口では循環だなどと言うけれど、そういうことに気がついていないんだ。俺も含めてとんでもないことをやっていた。俺らは気がついたからこれ以上はやらないつもりだよ。

定置網の論理で、ぶつかったら戻るしかないよ。前に行こうともがくほど体に食い込んでくる。冬の間やることがないというんだったら、山さ行って木を切って燃せばいいし、炭を焼いて、その炭で魚でも焼いて食うという贅沢をしてもいい。そういうことをやれるだけの考え方を持つということが、豊かさを求めることになると思う。

萱屋のオシポコ（?）を見ると漆の木を使っている。あれは虫が入らないからだ。そのくらい気を遣ってつくったものを、全然けぶさなくなったから、全部ポロポロになっていて、一尺ばかりの雪で、「仰げば尊し」と屋根が全部なくなってしまう。まるで除幕式やったみたいな感じだった。（笑）今までの屋根にただトタンをかぶせるようなことはやらないほうがいいだろう。やるんだったら、きれいにむいてからやらないと、とんでもないときに、その〃つけ〃がまわってくる。
蛇足になるが、富男君、嫁がいないというが、それは、富男君が悪いのではなくて、あの昭和三十三年や三十五年の農業基本法ができるころ、あんたのお父さんとか俺らの親父たちが、「それは違う」とグッと抑えてくれればよかったのよ。それを、「ああ所得倍増で、こんどは俺たちも金持になれる」とのっかった。その〃つけ〃が富男君の年代の人にまわっただけのことだぞ。俺にはそう思えてならない。

（昭和五十二年一月）

農法論

茂　松男君、農法論がわからないといっていたが、納得したのかい。納得しないまま上すべりでいってもしようがないから。誰か話してみたらどうだい。

栄吉　俺自身、農法がどういうものかというのはよくわからないが、俺のばあい、農業が生活の手段ではなくて、農業していることが生活だということだ。売るものは米とナメコだが、あとは食うためにつくる。やはり食うためにつくり、食っては働き、働いては食うというのが基本だと思う。そこで、どのようにつくったり、どのように暮らすのかというのが問題になる。やはり、米をつくれば多くならせたいと思う。俺は、他の人より、化学肥料や農薬を多く使うが、これはほんとうでないという気持が常にある。化学肥料や農薬という外的なものではなく、作物本来の力でよく稔るというのは、どういうことかと考えながらやることが農法かと思っている。

松男　「自然の中で」というのが農法のようだが、それなら、経済というものをどう考えているのか。いまの社会では、子どもを学校に上げるということは社会的必要でもあり、そうなれば金もいるわけだ。農法を実践する中で、ふつうの収入を得られるかどうか。

栄吉　俺のばあい、米を二〇〇俵前後、ナメコ一〇〇万、二〜三年に一回山の木を処分する。それから、親父が戦争で右足を大腿部からなくして、その傷痍軍人恩給がつく。以上が収入のすべて。傷痍軍人恩給については、親父の両足がちゃんとしていれば、それ以上の何かがあったと思う。山があるとよくいわれるが、去年のように冷害のときに切るとか、切ったらまた植えるとか。回転の速いお金とは違う、いわば、植えておけば四〇〜五〇年でものになるという、きわめてのんびりしたものだ。弟が仙台にいて、親父は宅地を買ってやった。金を借りてとか、あるいは貯金しておったのをおろしてでは、とてもそういうことができない。一年に四〜五日、山へ行って働けば、何十年かあとにはまた元に戻るというようなものだ。だから、山があるから金があるというのは、俺の実感ではなくて、山があるということは、そこで働けるということが大事なんだと思っている。

巌　農法とは何かというような質問をなぜするかと逆に聞きたい。農法とは何か特殊な農業の仕方というようなものではなくて、きわめてあたりまえのこと、さらに豊かになっていくためにこうしたらいいのではないかという、守田先生の提案だった。それを何もそのままやらなくてはならないというようなものではないと思う。あくまでも自分の問題とし、応用問題として受けとめて、自分の生活に生かしていくかどうかということだろう。農法をやると、子どもを高等学校に出せないとか、世間並みの生活ができないというようなものではないはずだ。出発点において、そういうことを目標にしたのではないということはわかっているはずだ。

松男 青年のときは、経済というものと、自分の生きざまをつめてみて、壁にぶつかって、崩れて、そしてつかんでいくのが本質なんではないかと思う。みなさん立派で、どうしてそういう考えが出てくるのか、そのへんを知りたくて質問した。

茂 何もむずかしいことではなくて、松男君が言うように、自分が食うために百姓をはじめたということ。人間がいて土地があるから物をつくるという単純なことだ。それが農法ではないか。その中で俺が言いたいのは、金になるということで、有毒なものでもいいというわけではない。ニワトリの産卵率をよくするためにホルモン剤をやる。あれは、ふつうは一〇〇〇倍液で飼料の中に入っている。俗にいう業者というのは、あれの五〇倍液みたいなやつをやる。ニワトリの寿命は一年ぐらいだという。その卵を自分では絶対に食わないというやつがいる。そんなことはみんなよく知っているだろうし、現に、似たようなことをやっていると思うよ。

農法というのはそういうことではなく、松男君が言うように自分たちで食うためにあるんだということ。家族に食わせ、さらには自分たちの種族が生命を維持するためにあるんだということ。そうだとすると、三郎君のように、売れば一箱一〇〇〇円もする巨峰で、「何いってんだい、これは売るためではないやい」と、ブドウ酒をつくったり、俺に持っていけといったりする。そしたら、俺の家にナガイモがあるから持ってけみたいなやつが出てくる。俺らのほうにはそういう人間関係がでてきているのよ。そういうのが豊かさにつながるのではないかな。

決して、プラスアルファとか、そういう特殊なものではなく、まず人間がいて土地があるから作物をつくる。果樹があって家畜がいる。家畜がいるから自然と堆肥が入るというようなこと。そういうことを俺は農法だと思っているが、どういうもんだろう。

松男　人間というのは、最初は本能をむき出しにして闘うものではないかと思う。そして、理論で納得する前に、体でぶつかって納得するのが本筋ではないか。ふつうそういうふうに言われているもんで……。

三郎　うちの部落のタマネギの種というのが全国的に出たことがあって、俺も本気になってやったことがある。タマネギの花粉はいちばん雨に弱いといわれ、新しい農薬、新しい肥料でないとうまくとれないというわけで、この会社の肥料はどうだとか、技術的な追求をやった。ところが赤字になって、みんな米代金から払うので、「タマネギが米を食う」と言った。それで俺はタマネギをやめて、加工トマトを六年ばかり、それからキュウリだ。うちの県の北部の営農団地で三年計画だという。

「おまえやんねえか」といわれ、何でものってみよう、そってみようというわけで、これも三年やった。そのときの消毒ときたら、とにかく三日おきぐらいだ。これで嫌になっちまって、もうやめたと、こんどはブドウをはじめた。農薬散布もいらない肥料もいらないというからだ。そこにたまたま、この会との出会いがあり、励まされていまのようになってきた。出会いがこうまで俺を変えた。自分で変わったというより、変えられたという感じを持っている。

茂　そうかなあー。（笑）一番最初は、厳君と二人で何ぼいっても、部落中、誰も受けつけなかったからね。だけどね、それをやりはじめてから八年も九年もかかっているんだよ。それでようやく十何人ぐらい、ツーっていえばカーっていうようなのが集まるようになった。根気よくやるしかないってことだね。それを「金のため金のため」とやっていたら、完全にひっかかってしまったと思う。俺たちだって、最初から何でもできるというわけではなくて、いまでさえ失敗だらけだ。俺もタマネギをつくっているが、まだ一回も赤字になったことはない。一番になったことはないけれど、三番ぐらいのところにいるんだ。去年は、自動車一台分ぐらいの金にはなったが、俺はやめたいと思っている。家内あたりがそれではどうしようもないというし、部落の伝統があるから、けっきょくやってしまった。

そんなふうにしてやっているが、農法をしっかりつかんでいくと、そんなのがなくても全然大丈夫というのが出てくるよ。これは俺一人でなくて、和牛五〇頭やっていたやつが、いま三〇頭にしてよかったとか、元は牛の便汲みに悩んで、金属製のギヤポンプみたいなやつを買おうなんていっていたのが、「いや、まてよ」と、三〇頭に減らしたら、敷きわらに全部吸い取らせて出せばいいとなった。そういうことが、お互いの接触の中で出てくる。実は、その人から堆肥をもらった。いまは何ぼくれっていったってくれないよ。その人だよ。二反の田さ化成一俵やっとふって、去年のように、俗には冷害といわれる中でも一一俵とっているという人は。その人も、四回目の学習会にきた人だ。類は類を呼んで、ことしの学習会にくる人も牛の数を減らした人だ。それまでは糞尿は捨てていたのを、全部田に入れるようになった。

農業はそういう循環——山も含めての循環だと思う。さっき土蔵を改造したと言ったが材料を全部買うとなると何十万もする。親父は山の木を切るなと言った。「年寄りと木だけはにわかに太くならない」というのは俺もわかっている。しかしいざとなると、売るために植えたんじゃないから、俺が使うんならいいんでないかと説得した。やってみるとお金を出す必要はないわけだ。製材賃はいるが、大工を頼んだわけでもなく、自分でやったわけだから、お金のことは心配しなくてもいい。だから八〇万かかるというところ一五万でできた。栄吉君が言うように切ったら植えればいいということ。そういう発想があっていいと思うのよ。

厳　植えると三〇～四〇年でまた元どおりになるということ。あえていうならば、その植えるということが農法だと言っていいと思うのよ。切ったら植えるということは、ついこの間まで、農法というような理屈はいらなかった。ところがいまは、切っただけで植えないのが大部分だから、あえて、植えることが「循環の理屈」とか「農法」という言葉で表わすということ。きわめてあたりまえのことだと思う。あたりまえのことをやっていないのが現状だよな。

孝 ひとつ言いたい。道路のことがからんでいるのだが、何か新しいものが出てきたばあい、「これをやると得をしますよ」とくるのだが、一回これを警戒してみて、マイナスの面はないかと考えてみる、これが百姓の根性だと思う。これをやらないで飛びついて、それで四苦八苦しているというのを何年も繰り返してきている。

壁にぶっつかってどう対応するかというとき、いまよりも見栄えのする、たとえば、俺の家にはないから言うんだけど、サッシの家に入りたいとか、石油風呂のある生活にしたいとか、そういう方向に走っていくくせがついていると思う。そういうことが自分を空っぽにするということがわかったのだから、逆に、「得をする、便利になる」といわれて入れたものが、どういう害を及ぼしているかを捜してみるような、そういう生活態度が必要でないか。

俺らのじいさまたちはそういうやり方でむらを良くしてきた。それが保守と言われているけれど、その保守性の中に非常にひかり輝いているものがあると思う。

（昭和五十二年一月）

基盤整備と減反

ゴルフ場造成との差

長作　うちのほうでも、おととしの冬から基盤整備した場所がある。二〇町ほどだが……。基盤整備したのはいいが、減歩率が平均一一パーセント。一町歩持っていた人なら一反一畝を失う。ゆずって、そのことをよしとしても、測量屋のミスなのかどうか、設計上から、人によっては、減歩以外に一反四畝ぐらい少ない人がでた。もう出来上がってしまい、どうすることもできない。そのばあいの責任の所在がはっきりしない。

明　航空測量というのは、日陰になったところはわからないらしい。

長作　素人が測量してもあんなことにはならないはずが、プロの設計屋がやってどうしてあんなことになるのか。しかも、かなり幅の広い道路をつくるのだが、その道路を一番先につくるため、田の表土をもってきて盛土する。したがって田の表土は少なくなり、結局、表土のあるところとないところができる。うちのほうは持ち分区画ということで、その人の持ち分によって、四反とか五反とか広さには幅を持たせている。全体の七割以上が三反以上の区画の田になればいいということだ。私の家では、四反と五反の田を一枚ずつつくったのだが、広いためか、ブル運転の技術の問題なのか、一枚の田で三〇センチもの高低差がある。去年の代かきのとき、トラクターのフロントローダーで、それを直すのにまる二日かかった。そうすると、高いところの表土を押すため、そこの表土がなくなってしまう。それでも去年は天候に助けられて一〇俵までいったが、非常につくりにくい田になった。だから、表土を押すとき、農家の人個々が立ち合って、直接ブルの運転中に指示しなければダメだ。それがうちのほうでは監督一任にしてしまったため、まったくひどい田ができた。

明　いちばん腹がたつのは、水田の設計基準に比べて、ゴルフ場の設計基準が素晴らしくいいことだ。ゴルフ場のばあい、全部五〇センチは起こして、礫も石も全部とってしまう。そうしないと芝が枯れるというわけだ。あたりまえのことだ。稲だって同じはずだが、稲のほうはそんなこと関係なしだ。ゴルフ場と田んぼと、どっちが大事だかということだ。

ゴルフ場は金持ちの使うところだからということだろうが、あんまり百姓をばかにしている。ともかく、業者の話を聞くと、ひどく違う扱いを受けていることがわかる。ふつうのところは作土五〇センチで、あの穴っこのあるところは六〇センチ掘って、その土は全部出して、その下に砂利、砂をひいて、その上に黒ぼくを入れるという。そうしないと、ああいう絨毯《じゅうたん》みたいな芝生が生えないからだという。だったら、稲はどんなところに植えてもいいということか。そういう人をばかにした設計基準があっていいものか。

長作　反当たりの総経費が、補助金を含めて四〇万円ぐらいだが、そのうち、いちばん大事な田面整理の工事費が約四万円ぐらいだ。これでならせというものだから、ブルの運転手たちにしてみれば、表土の移動だけでやめたくもなるのだろう。四万円といえば、反当たり四時間でつくってしまわないと採算が合わないという。

補助金、奨励金おことわり

秋夫　あれはどうしてもそういうやり方をしなきゃならなかったのか。俺のところは条件がよかったのか、そこに参加しないで単独でやって、かえって経費は安かったし、お陰様で田んぼもふえた。俺は基盤整備に反対したし、田のあるところが一番上のほうだという条件もよかったので参加しなかった。

長作　いちばんつぶれるのが道路用地と水路だ。しかもわれわれの声が反映しない道路ができる。設計の段階でわれわれが必要ないとした道路が幹部が認めたのかどうか、実際はできてしまった。そういう道路が二本、二〇町歩のうち三反がそれでつぶれた。

道路には基準があるせいか、場所によっては田面より二メートルも高くなるところがある。しかも、昔の慣行では、道路の上方幅分が道路用地とされたのに対し、いまは盛土した道路の法《のり》の分、二メートルも盛土すると法の分がやはり片方で二メートルぐらいになるが、それを含めて道路用地とされるため、田がその分減ることになる。非常にむだになる。基盤整備はむしろ自分たちでやったほうがいいような気がする。

秋夫　けっきょく損したことになるな。土地はとられる。金もとられるということだ。

長作　反当たり四〇万の経費のうち二〇数万円の補助金が出るというが、減歩一一パーセントというと、うちのほうの地価の反当たり二〇〇〜二五〇万円からすると、反当たり二四〜二五万円はだまってもっていかれていることになる。

せめて減歩率五パーセントぐらいの設計を、自分たちでやって、工事の立ち合いも自分たちでやって、というほうがよほどいい。俺らのところはやってしまったから仕方がないが、設計ミスで減ってしまった一反四畝についてはいまだ未解決のまま、補助金申請期限のことしの三月が近づいてきている。期限に遅れると反当たり経費四〇万円が、まるまる自己負担ということになるので、あの一反四畝については泣き寝いりということだろう。

正雄　そうやってつくった田は、飛行機から見おろせばきれいだろうが、その田に米をつくるなというのがいまの政策だ。

秋夫　基盤整備した田に、また苦労して畦をつくり、転作している。

正雄　百姓には土地があって、その土地を利用して生きている。だから、いちばん利用しやすい土地にするためには、百姓が自分でやらなければならない。

長作　そういうことになる。補助金を貰っての基盤整備はやらないほうがいい。自分の土地なんだから、自分に都合のいい土地の設計を自分たちでやるべきだ。

当初、土地改良区の理事者達は、田が東西に長くなる設計を認めて、しかも受益者会議を通さないで、東北農政局の許可をとってしまった。うちのほうは田植時期に、非常に強い西風が吹く。東西に一〇〇メートルの田だと、田の西側には水がなくなって、東側の水深が三〇〜五〇センチ、はなはだしいときは水がクロを越えてしまう。みんな大反対で、結局、南北に一〇〇メートルということになったが、一度農政局の許可をとったため、処理にてこずり、土地改良組合長の首をすげかえて、ようやく認めてもらった。

耕士　「きばらずに」ということではあるが、いやなものは「やらない」と言えることが大事だ。明さんにしても、「俺一人になってもやらないんだ」という感じが大事だと思う。何事でも一つを許すとすべてを許さなければならなくなるというのが現実だ。

俺らのほうでも基盤整備の問題はある。

Y市の水不足解消のため、M川中流土地改良区というすこぶる大きな土地改良区が組織され、M川からの水路と、三反区画への圃場整備とが併行して進められてきた。その中で、現Y市内で、俺の住む旧村のDとE地区は三反区画必要なしということで、圃場整備には参加していなかった。それで、いよいよM川からの水がくるので、田に入る末端の水路をつくる段階になって、DおよびEは三反区画の圃場整備をしないから補助金が出ないということになった。東北農政局には、このD、E地区も圃場整備するという内容を申請していたから、三反区画にしないと水がこないという説明だ。俺は

「来ない水はいらない」と主張した。M川から水のきていない現在、ちゃんと田をつくっている。この一発でその問題は決着がついた。ふつうだと「それなら三反区画にするべ」ということになるのが、けっきょく、みんなも再圃場整備はしたくないということだ。

減反問題でも、実際は転作しているのだが、あの次官通達にそう転作は一坪もやっていない。田を畑にすることはまわりの誰よりも多くやっているが、それに対する転作奨励金は一銭も貰っていない。Y市への申請をしなかった。まわりの人からは、「一〇年も前から転作しているものを、奨励金を貰ったただけでもいいだろう」と言われる。俺みたいなばかが近くに三人ほどいる。俺らのところは野菜をつくる人が多く、減反政策が出る前から転作している。自主的にやったことであり、政策に組み込まれたものとして、役所連中にとらえられるいわれはない。実行組合三〇名の中でそんな話をして、はじめは皆そういう意見だったが、最後までそれを貫いたのは三人だった。

計算すると、俺で四八万円ぐらいの奨励金を蹴ったことになるが、「そのくらい何かでとるべや」と、かあちゃんと話した。カカも「貰った金はむだ遣いするから」と負け惜しみを言ったりしている。そういうことを、きばらずにスラッとやってのけられるようなものになりたい。これはやはり、俺自身あまり意識してはいないものの、こういう集まりで、いつの間にか自分が改造されていたのだと思う。

「協力の要請」

巌　伸作さんと明さんに聞きたい。高橋さんは最後まで稲を刈らないでいるのか、明さんもほんとうにひとりになっても基盤整備をしないのか。部落の中で生きていくという問題があると思うが、そのへんを聞きたい。

明　今のところはそう思っている。

長作　秋夫さんの田が、俺たちがやった基盤整備の一角に入っていた。ただ、秋夫さんの田は端のほうであったため、計画外としてやらないというのを最後まで通せたのだと思う。

秋夫　いや、ハンコつけと何回もきたよ。基盤整備そのものの問題もあったが、その前に、理事長になる人がいんちきやっているから、こんなおもしろくない奴をのさばらせるなという感じもあった。しまいにはパクられてしまったが、彼も被害者、俺たちもその意味では被害者であり、ほんとうはともに被害者だということだ。そういうものにはたずさわらないほうがいいという感じだった。

明　俺としては、考えてきて、ここにきていろいろ話を聞いてまた考えてみると、だんだんと基盤整備やらないほうがいいとなってくる。

秋夫　ただ、基盤整備全部がダメなんではなく、やり方によってはいいばあいもある。

伸作　巌さんから投げかけられた問題は非常に困った問題だ。しかし、部落をないがしろにするわけではないが、今度の減反については、まるで部落に責任があるかの如くいわれているのがミソで、ほんとうはずっと上のほうで言い出したことであり、部落には何ら責任がない。先ほども言ったように、行政通達による、農家個々への「協力の要請」であるというところをしっかり見きわめて、必要以上におそれることはないと思う。

また、家族内で、まあ年寄りや家内はあきらめにも似た気持で動揺はしないだろうが、もし子どもが、「父ちゃん、もう、減反に賛成しねばわからんね」と言うようになったら、俺は案外、青刈りするようになるかもしれない。いまのところは家族そろって俺の意見を「そうだなあ」と言っているから、しばらくは続きそうだ。

信吉　私たちのところは、通年施工の基盤整備をやっている地区で割当面積を消化してしまうため、いまだかつて減反というのをやったことがない。ことしもやらなくていいが、来年からはいよいよはじまる。俺自身は減反に反対で、やらない覚悟でいるのだが、部落に割り当てられた面積が消化できないと、みんなにくる奨励金が少なくなるという。それをどう考えるのか。

伸作　そういうことを言う人には、「補助金を貰うためなら何でもするのか」と反問する。補助金をくれれば親をも捨てるのか。親の後ろ姿を見て育っている子どもに、田を荒らして補助金を貰うようなことを教えるのか。そういう問い返しをする。

さっき牛の話をしたが、最近は牛を飼わない農家が多くなった。考えが違ってくる。そういう中で、農家というのは何だったか、何がわれわれを生かしてくれたのか、そしてわれわれは何を残してゆくのか、と考えたばあい、補助金や奨励金とは何か、となる。これは、俺たちが出し合った金ではない。

誰かが出した金を俺らが貰うことだ。そのために、根こそぎもっていかれるということがわかってい て、なしてその金を貰うのか。

だから、俺一人のために、来るはずの奨励金がこないとしても、それは、断じて俺の責任ではない。どこまでもそれを貫くつもりだ。

自主的複合化

実　この中で政府に一俵も売らず、自主流通米だけで生活している人がいたら教えてほしい。

正雄　俺は売らない。

実　ああ、そうすると、正雄さんは俺の考えに該当しないが、俺としては、政府が米を買ってくれるから、農家としてのいまの生活がやっていられると思う。いわば政府に甘えて生活しているところがあり、その中で減反をどうこう言っていいものかどうか、とまどいを感じる。

厳　うちの町では、さっき信吉さんが言ったように、基盤整備で肩替わりをしているため、一次、二次を通じて、いまだ減反をしたことがない。もちろん希望転作はあるが。

二次減反についても、去年とことし二年間だけは、そういうことで、いわば考える時間を与えられた恰好になり、われわれとしては幸運だった。現在、考えたり話し合ったりしているわけだが、部落の中の農青連の仲間の中では一応の結論めいたものが出てきた。一口でいうと、減反を受け入れるということだ。

これは、強制されたから泣き泣き減反するということではなく、これをきっかけにして自分の経営を見直してみようという、積極的な減反受入れ論だ。この考えの裏には、守田先生の話にも出てくるところの「植えつけられた水田の絶対視」というもの、そういうものからの脱却という考えがある。水田を絶対とするいままでの政策の中で、特に平坦地では菜園畑まで水田にしてきたという経過がある。それに対して、いわゆる複合経営、田と畑のかね合い、そしてそこに家畜が入ってくるという、本来の農家の暮らしを、この減反をきっかけに考えてみようということになった。敗北やあきらめの姿勢ではなく、むしろ積極的に、自分の経営の確立、つまりは水田の畑地化と家畜の導入を考えていこうとなった。

これは、けっきょくは敗北なのかどうか、皆さんに聞いてみたい。

周作　減反にしろ基盤整備にしろ、俺は俺だ、あるいは農業は農業だというとき、そのこと自体、いまの世の中ではきばっていることになる。

伸作さんにしても、明さんにしても、自分はこうしたいという希望がありながらも、兄弟、子ども、あるいはむら、地域、国というしがらみの中で生きていかなければならないという問題、自分一人では生きていかれないという絶対的な条件がからんできて、自分の希望するところにいけないという問題にぶつかると思う。そういう問題は避けることのできないものであり、俺のばあいは、まわりの国はそういう問題に対してどうしているかとか、その歴史はどうなっているか調べてみたくなるタチで、減反問題についても調べてみた。

日本の米過剰の発端は、アメリカの農産物過剰だ。昭和二十七年のMSA協定が発端で、その後、アメリカでは二〇パーセント以上という高率の減反政策をとり、いまでもその問題をめぐって争っている。その争いの中でアメリカ政府は、外国への農産物輸出という形で逃げを打った。そうするとアメリカ国内の問題が、こんどは国と国の争いということになる。減反問題の背景には、日本とアメリカの力関係、そのバランスのひずみとしての減反政策ということになる。だから、どこまでも米をつくるということであれば、国の政府を変え、しかも外国よりも強力にならなければならないということになる。

いつまでつづくぬかるみぞ

伸作　「家族のことをいう」というふうに俺自身、人にもいうし、実際俺もそう努力している。なぜ、俺が「子ども、子ども」というか。それは二人の子どものうち中学三年のほうが、「俺は商業高校の経理科を受けたい」と言い出した。俺の仲間の子どもたちは農学校を出ているし、俺は内心困ったと思いながらも、いまは野放しにしているが……。俺は常に「商工は、農業に対しては、持っていくほうの立場にある」と、家の中でも言っている。しかし、本人はそういう方向に進むという。

減反というのは、いまになってポッと出てきたものではない。いま歴史的な話があったが、現象的には、生産者米価を三年据え置きされたこともあるし、もっと逆のぼると強制供出なんてこともあった。そういういろいろな目にあいながらも、なお、いまの政府がのうのうとしている。自民党政府、いまは、第二二次自民党政府だが、その間一貫して最長不倒距離を伸ばしてきている。批判があるたびに内閣総理大臣の首のすげかえはあったものの、第一次の吉田内閣から第二二次の大平内閣まで、間違いなくバトンタッチされてきた。その中で、俺たちは常に持っていかれた。

その中のたった一コマにすぎないこの減反問題だ。ここで俺たちがくいとめないと、それこそ子どもらまで持っていかれる。俺の子どもが、商人になる、セールスマンになる。子どもは何とかくいとめても、こんどは孫にそういうのが出てくる。「いつまで続くぬかるみぞ」という感じだ。この流れに流されたら、いつかは、「諸悪の根源はおめたちだ」と子どもらが言われる時代がくる。そのことをいま俺たちが態度で示すには、やはり、減反には反対しなければならないし、流通基地に通じる道路はとめなければならない。天下りの基盤整備を受け入れるわけにもいかない。

反対したくて反対しているわけではない。むらの中でしたいこと、自分の土地でやりたいこと、そういうことはいっぱいある。悔しいが、それを投げて反対しなければ、息子や孫を持っていかれる。そうなってしまってから、俺たちが問われたとき、「俺ア、考えた、考えたけどもできなかった」と言うのでは、これは考えたことにならない。俺はそう思ってる。

周作さんの話を聞いていて、俺ら、歴史を掘り起こして、物を言っていかなければならないと感じた。

長作　いま伸作さんの言ったことに関して俺も言いたいことがある。減反問題はじめ、俺らが直面しているさまざまな問題は、すべて支配する側の理由からこれが発生している。

政府金融として、農民金融や商工金融などさまざまあるうちで、農民金融、いわゆる制度資金の金利がいちばん安い。これは一見農民を保護しているかに見えるが、この安い金利を決めたのは支配する側だ。なぜ安い金利の金を使わせなければならないかというのが問題で、要するに農業はもうからないから、そういう安い金利でだまさなければならないということだ。

いま銀行から借金すると八〜九・八パーセントの金利だが、この金利でなおましゃくに合う百姓であれば、ああいう制度金融は必要ない。ましゃくが合わないところに問題がある。だから支配する側にしてみれば、何かアメのようなものをなめらせて、そのうえで略奪するという考えになる。

基盤整備について、政府から金を出して貰っているという考えがあるが、これは間違いだと思う。政府が農家に補助しているのではなく、農家が政府に補助しているということだ。五割なら五割、政府は確かに金を出すが、これは農家に来るのではなく、土木業者にいく金であり、そのうえ、受益者負担と称して、農家があとの五割の金をうわ乗せする。

政府にしてみれば、道路や港、ダムなどへの公共投資と、この基盤整備への投資を比べると、基盤整備への投資効果は決して悪くないという。基盤整備に、政府がたとえば二〇〇〇万円の投資をしたとすると、農家負担が二〇〇〇万円で、合わせて四〇〇〇万円、つまり投下額の二倍の需要を喚起することができる。こう考えると、俺たちはひどく功妙にだまされていることになる。このことの本質は、私にはわからないが、どうもだまされているような気がする。このままだまされ続けていいものか、という気持にもなる。

周作 土地は耕す者のためのものであって、個人の所有のためにあるものではないと思っている。だから、さっき言ったしがらみの中で、土地は地域なりむらなりのものであり、その意味では、国が金を出して条件整備するのはあたりまえであり、くれる補助金ならもらったほうがいいと思う。ただ、誰が何の目的で、どういう方法でやるのかが問題で、そこは自主性を持ってやらないと大変なことになる。

(昭和五十四年一月)

子らに残すもの

正雄 自分の子どもに、ほんとうの農家の姿、生活の姿、人間の生き方というのを教えなければダメだ。農外にひきぬかれるようではダメだ。

信吉 かあちゃんが悪いと思う。百姓は分が悪いというようなことを子どもに教える。学校の先生も悪い。農林学校に行くのはできの悪い子だと決めてかかっている。一五、六歳の子どもらが、そういう中で百姓をやろうと思うほうが不思議だ。

厳　俺らが百姓としての自己確立をしていれば、「おまえは後継ぎだから」と押しつけをやらなくとも、ごく自然に後を継ぐと思う。

俺のところも娘だけだが、長女は普通高校を出て、けっきょく、農業関係の大学を受験すると、自分で言い出した。手前味噌になって恐縮だが、不断の生活の中で、百姓として生きようとする親を見ていると、自然にそうなるものだろう。

靖久　主体性の確立が大事だということはわかったが、その主体性の中には、さっきの、だまされないようにするという内容も含まれると思う。ところがだます側にも主体性はあるわけで、それに対して、自分の主体性の確立だけでいいものかどうか。だまされる側の主体性の未確立を問題にすると同時に、だます側の責任を問うことも必要ではないか。そういう素朴な疑問があるのだが……。

厳　われわれも含めて、だまされていることに気づかない人のほうが多いと思う。だから、百姓として学ぶことは多い。だます側、だまされる側、どうだまされてきたのか、など、そういうものを全部ひっくるめての主体性の確立ということだ。

こういう会合を通じて、われわれはその学ぶということを知った。世の中を見る目の視野がいくぶん広がった。そうすると、ともすると政治が悪い、自民党はダメで、社会主義がいい、だから政治運動をやるというようなことにもなりやすいが、そう簡単にそこには行かないで、その手前の問題として、百姓としての自分がなすことは何かと考える。そうすれば、そういう考え方を深く自分の中に蓄積し、それがにじみ出て身ぢかな人にも影響し、長い時間をかけて社会が変わるだろうということ。そういうこととしての主体性の確立を言っている。俺自身は六〇年で終わったとしても、そこで蓄積したものは、次の世代に受け継がれる。そういう形で歴史は動くのだろうと思う。民衆が歴史を変えていくとき、いちばん大事なのはそこだと、俺は思っている。

明　俺は最近、何を見るにも、百姓であればどうなるか、という見方をするようになった。隣の人たちを見るにも、この人たちが農家的生活をすればどうなるかという見方をする。

いま農家も、全く都会的な生活になってきている。これは悪いことだと思う。若い嫁さんで早起きしない人がふえてきている。六時までも寝ていられれば、仕方なく姑さんが起きる。それで何か文句が出ると、親は親、自分らは自分らで生活したいという考えが頭の中にあるから、全くその文句を受けつけない。こういう問題はすべて世の中の問題につながっている。核家族化して、それまで一つだった所帯が二つになれば、これは確実に消費が伸びる。子どもたちだって、一人ずつ子ども部屋を持たせると、それによって消費が伸びる。周作さんの言うしがらみというものを、きれいさっぱりはぎとって、人一人ひとりを切り離しにかかっている。

百姓の生活は、そういう消費文明から遠ざかることで良くなるのではないかと、痛切に感じて、まだまだではあるが、百姓の生活に戻りたいと努力している。

友信　私の家は、厳さんのいう自己の確立というのが経済的な意味だとすると、確立されていない部類に入っている。私は農家の長男に生まれたが、学校は旧制の工業を出て、終戦後すぐに今でいう第二種兼業農家になった。本業は勤めで、プロではないが、たまたま労働組合の活動をやり、朝鮮戦争勃発のとき、レッドパージで首を切られた。したがって、自主的に農業を継いだわけではないが、ともかく農業を継ぎ、その翌年にカカをもらった。おふくろに、そういう問題を起こし、ままも満足に食えない状態では嫁のきてがないとしかられたが、幸い、見合で嫁を貰った。たしか、今だときてがないと思うが、当時はそれでも結構、嫁に来る人がいた。

当時はとても新婚旅行をする余裕はなかったが、一〇年ほど前、仲間に牛を見てもらい、夫婦で玉川農協など、以前から行きたいと思っていたところを一〇日間ほど旅行した。子どもは長男が小学六年で小さかったし、おやじは恍惚の状態だったから、全部仲間がやってくれた。茂さんのところで、仲間で牛舎を建てたという、そういう雰囲気は、一〇年ほど前までは私らのところにもあった。ところが残念なことに、私の、問題になった牛舎移転、新築の時点では、その酪農仲間がいなくなってしまった。ちょうど世代交替の時期で、酪農をやめてしまった。

牛舎移転、新築のときの問題というのは、畜産公害を理由に住民運動を起こすという、いわば「大人の遊び」にふりまわされたわけで、何とも残念なことだった。

そういう状態だから、経済的に確立されなければ後継ぎが残らないという考えからすれば、私のところに息子が残ったというのは、まるで非常識ということになる。息子も、中学三年ぐらいになると、自分の家なり、自分のおやじなりを、あるていど冷静に見れるものだと思う。息子は農業高校から農業大学園、いまの農業短大を出、酪農家鈴木さんのところに実習に行ってきたりして、家を継いだ。

私自身としては、経営規模は小さいし、経済的に安定しているわけでもないので、息子に後を継げとは一言も言わなかった。それでも息子は後を継ぐと言った。今後どうなるかわからないが、息子の酪農仲間もできてきたし、当分は続くのではないかと思っている。

後継者というのは、無理やり残すものではなく、あくまでも本人の意志で残るものだと思う。そうでなければ、嫁を貰ったときとか、いつかは家をとび出すと思う。

順一 俺も百姓に生まれて、百姓がいやで普通高校にいき、高校二年のときおやじに、「俺、百姓はやんね」と言った。てっきりぶんなぐられると思っていたのが、おやじに「ああ、うんだか」と言われたときは、ガクッときた。

（昭和五十四年一月）

わが一〇年の模索

斎藤　厳

守田先生が亡くなられて、今後この会をどうするかという相談に集まったとき、今年の主催県でもあるので、自由発表の一つを受け持たせてもらった。どのような話をしたらよいのか迷った。しかしこの会は一〇年近くの年月を経ているし、長いつきあいの中で、試行錯誤を繰り返しながら何かをつかんできたという自負もある。ここ一〇年間における、大げさに言えば「わが思想の遍歴」というようなことを話したい。

本物の農業に近づきたい、自分なりに納得のいく農業をやりたいという気持の一〇年間だった。そして、ほとんどのこの会に参加させてもらい、皆さんのお話を聞くなり、あるいは本当の農業を考えられるような本を読みながらの一〇年間でもあった。この一〇年間に私はどのように変わってきたか、つまりどのように自己変革をなしとげてきたか、実はそのことが一番大事なことであり、きょうここでしゃべる理由も、つまるところ、ただこの一点にあると言っても過言ではない。

一〇年前の昭和四十三年は、私が家を移転、新築した年でもある。同じ村内ではあったが、それまでは非常に不便なところに住んでいた。こんな不便なところにいては一生うだつが上がらないという気持、子どもたちには私が育ったときのような苦労をさせたくないという気持など、ともかく、家の移転は私の小さいころからの念願だった。一反歩強の土地を求め、作業場、畜舎そして家をこの一年の間に移転、新築した。私の家は私が三代目であり、生活に余裕のある状態ではなかったが、小さいときから片時も頭を離れることのなかった念願を果たしたのがこの昭和四十三年であり、それからやはり一〇年の歳月が流れた。

この一〇年の歳月の区切り目に、守田志郎先生が亡くなられた。

また、若い頃から一度は行きたいと思っていた中華人民共和国へ、去年の十一月、三郎君と一緒に二週間にわたって行ってきた。

この「一〇年目」を、あたかも区切るかのようにいろいろな偶然が重なった。そんなことがあり、再び大げさに言わせてもらえば、今後の新たな一〇年を「厳はいかに生くべきか」が問われている。私にとってはこのような年でもあるので、過去一〇年の、主にこの会を通しての私の模索を話させてほしい。私は百姓であり、このような場所に立ち、しかも長時間話すというのは生まれてはじめての経験ということもあり、その内容も、その態度も、とても皆さんのご納得を得られるようなものではないが、お許しいただきたい。

議論沸騰（第一回懇談会）

第一回東北地方農家の懇談会は、昭和四十四年三月に仙台市で行なわれた。東北六県から一〇名ほど集まったのだが、幸いにも、その中に私と茂さんもはいっていた。きょうお見えになっていないが、岩手の周作さんや秋田の勉さんらも参加され、主に、稲作の技術交流のような内容になった。

当時は米の増収ブームのときであり、寒河江式、片倉式などそれぞれの信じるところがぶつかり合い、議論沸騰のあまり、録音の聞き取り不能というような場面もあったようだ。このときの記録があり、それをいただいているので読んでみる。

茂さんの発言「おれのばあいは、こう考えているんだ。フジミノリとレイメイはチッソの切り方を軽く、ササニシキのばあいは中くらい、サワニシキのばあいはぐっと切る。まあ、そういうように品種によってチッソの切り方は違うけど、いずれにしても生育途中でチッソを切るということだと感じているのだが。」（それに対して、「だから片倉理論だって同じじゃないか」、「いや、寒河江式でもそうするばあいがある」、「V字理論だって片倉式や寒河江式を否定しているわけじゃない」、「Vという字にこだわるからいけないんだ」などなど、それぞれの立場からの発言が重複して聴取不能。）

こういうような具合だったが、これが一回目の東北農家の懇談会の状態であった。とはいえ、技術の話だけに終始したのではもちろんない。一回目においてもすでに農についての考え、農業をどうするかを自分の問題としてさまざまな面から考え議論しあっていた。

守田先生との出会い

昭和四十六年の私の地区での懇談会は「ある本」の読後感想会のような形をとった。私がそれまで模索してきた、いや、模索しようとした「農」についての考え、または農業することにおける基本的な考えを、ガラリと変える「一冊の本」に出会った。

私はこの本との出会いによってようやく開眼させられた。

その本は『農業は農業である』という変わった名前の本で、亡くなられた守田先生の力作である。

守田先生はこの本の中で、学者である自分と農民とを非常に謙虚な気持で対応させながら、われわれがそれまで考えていたのとはまったく違うヨーロッパ農業の本質を紹介する形で、今日の日本農業と農民に対し、鋭い指摘をされている。私はまず、序文に含まれる次の一文に感じ入ってしまった。

「耕している田んぼが小さいからといってなにも人間まで小さくなることはあるまいと思うのだが。田んぼが大きいとか、がんばって大きくしたとかでそれを自慢にするのは、それはそれで気持もわかることである。そういう農家は家も大きいことでもあろう。それが嬉しいとすればそれもよくわかることである。だが、大きいのは家や田んぼだけのことなので、人間の大きさとは別なことなのだということを最近つくづくと感じさせられるのである。」

こんな調子ではじまったこの本を読むうちに、あらゆる面で村は遅れており、農家はばかで、村は封建的であるという従来の考えがまったくひっくり返ってしまった。当時としても頭の中では農村・農業は素晴らしいと考え仲間に話したりもしていたが、体のどこかにそれとはまったく逆のものが残っていた。それが、腹の底から体ごと変えられる思いだった。この本を読み終えるにはかなりの努力が必要であったわけで、私は読み終えた年月日までこの本に記入してある。

そして昭和四十七年十二月の懇談会で守田先生の話を直接聞くことによってこれはさらに深められ、

農民であることへの自信、農業することへの励み、そしてまた、農業することへの厳しい自覚となって今日まで続くわけである。

文化運動と政治運動

第三回東北農家の懇談会は昭和四十九年一月の開催だが、その頃、私は政治が良くならないうちは農民も良くならないのではないかと考えていた。

私の村にある神社の長床が復元され、さらに、私のすぐ近くにある中世城趾の存廃が問題になっていたころであり、私は少しずつ郷土史の勉強をするようになっていた。これは守田先生の歴史的な話に大いに触発されたわけでもあるが、歴史を少し勉強してみると、農民はいつの時代でも最低の地位、生活に甘んじなければならなかったし、現在もその続きであることがわかる。世の中のしくみが変わらないと農民はよくならないと思うようになった。資本主義の世の中ではどこまでいっても農家は良くならないのではないか。政治を変えることこそ大事だと考えた。即座に社会主義、共産主義がいいというわけではないが、そのような体制にすることが農民にとって幸せなのかどうかを考えなければならないと。

「俺は百姓として生きるんだ」という考えに立ち、苦しい中を我慢して、日稼ぎも出稼ぎもしないで頑張っていると、いずれ国の体制の問題にはぶつからざるをえない。そういう意味では当然の問題意識ではあった。これを、このときの会で私なりに話した。それに対して、すでにそのような問題を超越したような人からの話もあったりした。私自身、しばらくすると、問題の立て方が間違っていたことに気がついてくる。

話は若干前後するが、昭和四十八年十月頃、「現代農業」編集部より私に原稿依頼があった。テーマは「どちらが先かの発想法」というもの。「どちらが先か」、これは私の村の仲間たちが「本物の農業」を求めて話し合い、実践する中で必然的に出てきた発想法であり、それを仲間たちやこの会で話した。「現代農業」編集部がこれを聞きつけて原稿を依頼してきた。これは四十九年の一月号に掲載された。「都会が先か農村が先か」、「育苗器が先かイネが先か」、あるいは「牛小屋が先か牛が先か」、さらには「先生が先か生徒が先か」というような、私たちが本物の農業なり生活により近づこうとする際に、当然ふまえなければならないことを、「どちらが先か」と問うことで事の本質を明らかにするというものだった。いま読み返してみても、幼稚な表現ではあるが、かなり重要なことだという気持は変わらない。

さて、当時としてもそのようなことはふまえていたつもりだったが、そのくせ、一方では「農家がよくなるには政治を変えなければダメだ」と発言している。わかっていたつもりが、実はよくわかっていなかった。それに対して守田先生は、『「国」が先か『農』が先か」という文章を読むとわかるように、政治がよくなって私たちがよくなるのではなく、私たちが自覚することで政治を変えることができるのだというようなことを話された。国が先にあって私たちがあるのではなく、どこまでもわれわれが先にあるということ。そのあたりを守田先生にズバリと指摘された。国が先ではなく人間が先であり、政治を変えるにはまず人間が変わらなければならない。これはまったく当然のことであり、人間が変わるということは、つまるところ自分自身がどう変わるのかという問題である。これが文化運動の最初であり目的でもあるということを、この守田先生の話からようやく理解できた。「どちらが先かの発想」というようなものをわかったつもりで「現代農業」に書いたり、仲間と話し合ったりしながら、実に、人間が先か国家が先かという一番大事なことに気がつかないでいたわけである。

このようなやりとりのあったあと、同じ年の七月に行なわれた私の地区の会で、私は次のような自己批判をした。

××さんが「政治が悪い」ということを言ったが、おれもこういう集まりで「政治を変えなきゃダメだ」と言ったことがある。そうするとみんな黙ってしまってのってこない。のってこないというのは、おっかなくてそういう問題を避けているのか、それとも、超越してしまっているのか、そのどちらかだと思っていた。しかし、その後、そのときしゃべったものが活字になってきたのを読んでみると、おれのしゃべったことは幼稚だったなということがわかった。

政治を変えるというのがどういうことかというと、もちろん、「政治が悪い」というのは前提だね。

俺も本当にそう思っている。特に農政なんかはないようなものだ。ところで問題は、その政治を変えるのは誰かということなんだ。政治が変わったとしても、つまり上のほうが変わったとしても、おれたち農家のほうが変わらないと、やはり、上からの指導を受け取るだけで、いつかは同じように収奪されてしまうと思う。だから、おれたちが変わることによって政治を変えていくということ。（中略）……政治運動と経済運動は派手にやられているが、人間を変えていくという文化運動がいちばん忘れられているということ。人間が変わることで政治や経済のあり方が変わるというのであれば、それはもうあともどりしない。ところが、（政治という）シャッポのほうだけが変わったとしても、それはいつでも取りかえられるような不安定なものだと思う。（中略）……こういう話し合いをすることによって、何がどうなっているかということをわかったり、わかろうという姿勢が出てくるわけだ。そのことによって、今まであまり考えもせずに投票していたのが、それではダメだということにもなる。誰に入れるかは個人の考え方によって違うだろうが、正しいものは何かと考える力をこういうところで身につければしぜんと選ぶ人も決まってくる。俺たちのような大衆が正しいことを理解すれば、政治家はそういう大衆の考えを敏感に汲みとっていくだろうから、政治のほうもだんだんと変わっていくはずだね。世の中をつくり動かしていくのは有名な政治家や学者でなく、俺たちみたいな大衆のひとりひとりだということ、つまり主人公は俺たちなんだという考えに立てばいいと思う。

このへんまできてようやく、主人公は自分であるという発想でなければ本当のことは言えないんだということに気付いたわけである。

隣百姓意識から抜けだす

自らが主人公になっての発想、このようなところに至った私は、昭和五十年一月の第四回の会以降、五回目、六回目と家族、むら、あるいは百姓たる自分の自由の問題などまったく身ぢかなところからの発言をするようになる。冒頭に述べたように、私は昭和四十三年に家や作業舎、畜舎を移転、新築した。この話を、私は第四回の会において、はじめて皆さんの前で話している。「子どもたちには俺の味わった不便を経験させまいと思って、非常な無理をして宅地を買い、五〇坪の家とその倍ぐらいの作業舎を建てた。それを一ぺんにやってしまったため、非常な負債を背負った。借金があるわけだ。しかし、一年間やってみて、その借金がふえていくのか減っていくのかだな。ふえていくような経営では、ここにきていくら調子のいいことをいっていてもしようがない。減らしていく方法を、それも、子どもを養い、親も安心させていく中で……（中略）……このやり方について、俺は自給的な複合経営が一番いいと思っている」というような発言をしている。

実際のところ私は誰よりも先に冬の出稼ぎや、少しでも暇があれば日稼ぎに出なければならない状態にあった。幸いにして、今にしてこの「幸いにして」という言葉を使えるのだが、交流会に出たりみんなとおつきあいさせてもらう中で、四十四年頃、すでに出稼ぎ、日稼ぎはしないと腹に決めていた。当時、高度経済成長の真只中であり隣近所みんな出稼ぎに行った。一冬働くと何十万円、日稼ぎでもちょっと危ない仕事をすると一日四千円になるというような話でもちきりだった。その中で、この一〇年間、俺自身も女房も生活のための出稼ぎ、日稼ぎは一度もしていない。冬の間ははじめオガクズナメコをやり、その後シイタケに切り替えた。

シイタケはちょうど林業構造改善の補助事業があり、補助金七割、規模拡大路線のそれにのっかってはじめた。のせられたことには途中で気がつき、あまり規模を大きくしない方向へ路線変更した。ところがオイルショック以来、燃料にする灯油が値上がりし採算を圧迫した。朝、シイタケをザルの底のほうにほんの少しとって小屋から出ると、家の後の道路を日稼ぎにいく部落の人たちが通る。中には夫婦つれだって行く人たちもいる。ザルの底のほうにあるシイタケを見ながら、その収入と夫婦で日稼ぎする人たちの収入を比べてみると比較にならない。それなら日稼ぎに出たほうがいいということになる。しかし、かねがね本物の百姓を目指し考えていた中で、一番大事なことは「隣百姓」意識から抜け出すことだと思っていた。何百年も一緒に暮らしている中で隣を意識することによる素晴らしい面はたくさんあるわけで、そこから悪い面だけを取り除くというのはなかなかむずかしい。それにしても、あまりにも強く隣を意識することからは本物の百姓になれないと思っていた。それでありながらザルの底のシイタケと日稼ぎ収入を比べようという気持は、やはりどこかに「隣百姓」の意識が残っていたなとそのとき気づいた。口ではうまいことを言いながらその実、隣意識からぬけ出せないでいる自分を見た思いがして愕然とした。

ザルのシイタケと道行く日稼ぎの人の収入を比べる必要はないと考え、以降は気持が非常に楽になった。

その年の会（昭和五十一年一月）だったと思うが、ここで会ったとたん「太ったね」と言われた。いわゆる中年太りで私の老齢化が進んでいる表われではあるが、気持としては、一〇年間会に参加させてもらい、そこで出てくるものを一つひとつ自分の中で何とか消化してきたこと、そのことで毎日が非常に楽しくなってきたということがある。一〇年前、家を建てるときにできた山ほどの借金も、一日の日稼ぎも一冬の出稼ぎもせずに返済してきた。一〇年頑張れば何とかなるんだなあという気持である。

このとき私はこんなことを言っている。

「……最初は気張るわけだ。おれは流れに流されない。おれは竿さすぞ。みんなが金取りに出かけてもおれは出ないんだという気張りがある。そういうことでおれは農業を守るんだと最初は考える。しかしだんだんやっていくとそうした気張りがなくなるような気がするな。そんなに気張らなくてもいいのでないかとなる。本物に近づくために具体的にどうするんだとなる。自給自足に返るんだということになると、たとえばおれの家では子どもに牛乳をどんどん買って飲ませていた。それはやっぱり本物ではない。それでヤギを飼って家中で飲みきれないほど乳が出る。そんなふうにどんどんやっていくとそんなに気張らなくてもやれるようになる。おれの家は親父は三〇〇羽のニワトリを飼っている。それには抗生物質の入ったエサをどんどん与えているわけだ。そこから生まれる卵をふんだんに食っていても不純物がいっぱい入っているんだなという考えはある。米のばあいも除草剤と農薬で一〇回くらいはかける。厳密な意味ではなかなか本物までいけないとしても、考え方としていくつかやってみるとそれほど気張らなくてもいいなという感じがある。」

このようなことを言った。それで耕士さんに、「そこまで悟ったから太ったのよ」と言われ、記録には「大笑」とカッコがつけられている。

大地とむらと自分

第五回、第六回の会では〃むら〃についてかなり話し合われたのが特徴だろう。学者や評論家の言う見直し論とは別に、現にそこで暮らしている私たちが、共同体としてのむらをどうみるのか、歴史的なものをふまえ現状をとらえ、さらに将来に何を模索すべきか。これは非常に大事なことだと考える。この間、たまたま隣のむらが分かれてしまうという事件に遭遇した私は、他人事ではなくむらを考えるようになり、昭和五十二年一月の会の冒頭で、次のようなことを言った。「結局むらというのは助け合いだと思う。それも短期間での助け合いでなくて、二〇〜三〇年にわたる大きなサイクルでの助け合いだ。そこに永住するものにとっては、このむらの中での仕事が、どんなに小さなことでも、やりがいのあるものだと思うようになった。」

それから第六回の会ではまだ記憶に新しい議論があった。冷害をどうみるかという話の中での「作物を取るのか、作物が穫れるのか」の議論である。私はいまでも作物は穫れるものだと思っている。農業を自分の生活としてとらえ、それはまったく自然とのかかわり合いの中でのみ成立する、という一大原則に気づくとき、自然に対してもっともっと謙虚な気持を持ちたい。農業で穫れるものはとりもなおさず自然循環の中でのみありうる、ということを思えば、「取る」ではなく「穫れる」ことであり、技術は穫れやすくする人為的な手段にすぎない、と思うのである。そういう気持があると冷害に対する受けとめ方が違ってくる。私は「現代農業」に「冷害にあってよかった」という怒られそうな題の原稿を書いたが、ただ天候を恨むのではなく、もともと農業とはそういうものであり、それにどう対応するかが大切であろうと思う。ここに農法というか、自然と大地との中で私たちのなすべき方法が出てくると思うわけである。

そしてそれをちゃんと成しとげていくには、けっきょく自分自身がどう変わるかにかかってくる。自分が変わらないうちはいくらしゃべっても仕方がない。会を重ねてきて、大分変わってきたつもりではあるが、まだまだとてもだめだということが、この会の記録を読めばよくわかる。

触発されることの連続

会の仲間との出会い、守田先生との出会い、そしてその間一〇年の文化運動というのは、実に私の部落においての文化運動の一〇年にもつながる。会には私の部落から幸いにも一〇名もの者が参加させてもらった。参加者が一〇名もいること、これもまた私の町の未来を語るときの力強い要素であると思っている。

守田先生が亡くなられてどうするんだ、と自問するとき、私個人としても先生との出会いによってようやく本物の百姓になろうとする気が起きてきたことを考えると、残念でならない。守田先生が何かを語るとき、何かを書かれたとき、私にとっては触発されることの連続だった。先にあげつらねたことのほかにも、たとえば、第四回の会の終わりに、二宮金次郎の話をされた。学校の前に薪を背負って本を読む、勤勉、質素、倹約の言葉で表わされる農民の理想像のようなものがこわれてしまった。尊徳はけっきょく農民ではなかった。しかし武士にもなれなかった。そういう意味では支配階級に大きく利用された、というようなことについてもだんだんわかってきた。

これはまた守田先生の絶筆となった『登呂』についてもいえる。日本の弥生時代の稲作の遺跡として教科書にまで載っている静岡県の「登呂遺跡」について、大変な見方をしている。誰もが弥生時代の貴重な稲作遺跡だというものを、ひょっとすると違うのではないかという、大胆な疑問を提示している。それが中途で終わっている。せめてもう一〇年、もう五年、守田先生に教えていただきたかった。かえすがえすも残念でならない。ただ単に、この会や私たちにとってという、そんな狭い意味ではなく、あのような良心的な考え方で、農業を学問的な立場から見ようとしている学者は実に少ないのではないかと思えるからである。先生は学問の立場で理論を追求されるだろうし、私は農民としてそれを実践していきたかった。

自分を変える

一〇年を振り返る中でとりとめのない話をしたが、一見無秩序に話し合われてきたかに見えるこの会も、いくつかの段階をふんできており、ひとつの段階を越えるごとに発想を豊かにしてきたと思う。なるほど、いつでもみんなが言いたいことを言い、司会者もなく結論も出さない会ではあったが、お互いに切磋琢磨されつつきたということをつくづく感じるわけである。

何のためにこの会に参加するのか。いまさら申し上げるまでもないが、けっきょくは、農業する自分を変えるというところにつきると思う。自分が変わらないうちに他人を変えることはできないわけであり、まず勉強することで自分を変える。自分がどう本物に変わるのか、そのためにのみ会に参加するんだということ。少なくとも私のばあいはそう断言できる。自分が変わることで自分の一番身ぢかにいる者が変わる。女房や家族が変わっていく。そしてそれが自分の住む小さな社会である部落を変えていくことにつながる。そういう人が部落の中、むらの中、町の中に一人でも多く出てくることによってむらが変わっていく、それがひいては世の中あるいは政治を変えていく力になるということ、そういうことを最近つくづく思っている。

振り返ってみて私は少しは変わった。それは自惚れではなく自分でよくわかる。そうした変わった目でみる人間社会の営みは実に素晴らしい。これからもどんどんこういう集まりに出てきて、みなさんと一緒に勉強して、もっともっと生活の内容を深めたい。

（昭和五十三年一月）

解説　お互い、得るもの

原田　津

一　くいちがい

守田志郎　農学者。一九二四～七七。シドニー生れ。四六年東大農学部農業経済学科卒。従来の「近代社会では伝統的共同体は破壊されるとの学説」（いわゆる大塚久雄学説）を実証的に否定して、日本近代農業において共同体の役割が大きい事を主張した。(1)

これは新島淳良氏が人名辞典風に守田さんを紹介した全文である。短い文字数で守田さんを紹介するとなればこういうことになると思う。一面ではあるが基本をおさえている（日本の農法についてつきつめた考察をしたというもう一面があると、私は思う。後述する）。

さて、「近代社会では伝統的共同体は破壊される」ということは、逆からいえば「共同体が破壊されなければ近代社会はない」ということであって、こうした見方は学問の世界でも実践の世界でも、極めて強く働いていていて、これを前提としなければ学問も運動も成り立たないとだれもが思った。それが戦後民主主義というものだった。その「学説」を、守田さんは「実証的に否定し」たというわけである。だから波紋は大きかった。

昭和五一（一九七六）年四月十日、東京・四谷で〈『わが農業』発刊のつどい―創刊号で終わらせないために〉という会合が開かれた。『わが農業』というのは、当時、農業団体の若手の人々が中心となり、〝酒税法は憲法違反である〟と宣言し自らドブロクを造って国税庁に挑戦した前田俊彦氏を編集代表として発行された一二頁の小冊子である。「発行にあたって」という一文は次のようである。

「農村には運動がないといわれるが果してそうであろうか。かりに運動がなくとも〝うごめき〟はあるだろう。これほどドラスチックに破壊されていく農村に〝うごめき〟がないはずはない。そのうごめきがどうして運動へと発展しないのであろうか。うごめきを抑圧するなにものかがあるに違いない。この情報誌は、うごめき、闘う人びとの連帯を深めさらに運動を発展させていくために発行する」

一九七六年といえば、守田さんは農村を足しげく訪れ、農家の話を聞き、また、「対話学習」を重ねていたころである（後述）。あるいは、急逝の一年半前、といってもよい。すでに農業から農村へと視野をひろげ、一九七一年の著作『農業は農業である』になぞらえていえば「農村は農村である」とでもいうべき内容をもつ『小さい部落』（のちに『日本の村』と改題）や『村の生活誌』（のち『むらの生活誌』と改題）を上梓していた時期である（冒頭の新島氏の「実証的に否定して」はこれらの著作を指してのものであろう）。

その守田さんがなぜこの会合に出席したのかよくわからないが、守田さん独特の律儀さだったかもしれない。守田さんに誘われて私も同席していた。前田氏はもちろん、作家で運動家の山代巴氏の姿もあった。

うながされて守田さんが発言する。〝たどたどしい〟という調子である。しかし内容は激しかった。

「ひと月に二、三回は農村に行き、農家を訪れるけれども、農村調査と銘打ったようなことは、久しくしたことがない。農村を調査しても、何もわかることはないと思う。わからない農村をわかったように思って働きかけても何もかわることはない」

「闘う人びとの連帯を深めさらに運動を発展させていくため」の雑誌の発刊を記念しての会合なのだから、発言は場違いのように聞こえ、苦笑が漏れるだけに終わった。

それから一カ月ほどのちに、山代巴氏は次のように書いた。

『わが農業』の発会式のとき、来賓の守田教授は〝(略)農耕をしている人に何かしてあげられるなんて思っちゃあいけない。善意にしろこういう仕事(雑誌を出すこと)などは、もう全部やめたほうがいい。やることは罪だ〟。ざっとそんな意味のことをいわれました。(略)私は反発を感じます」

「いったいお互いはどういう動機でいままで農業、または農民の問題にかかわってきたのだろう。私の場合をかいつまんでいうと、私は農家に生れながら、娘時代には農業も農家に嫁に行くことも嫌い、都会に出て油絵を描いたり、図案家になったり、昭和初頭の農村娘としては飛びきり自由奔放に生きてきたのです。それでも故里の貧しさや踏みにじられた暮らし方を忘れることができませんでした。それが社会主義への道を歩む動機となっています」

「つまり、私においては、人権意識皆無にひとしい村落共同体の中で、一人一人の内発的な人権意識を芽ばえさせて育てること、内発的な人権意識を土台にした連帯の輪を拡げて行くこと、これが私自身の解放につながっていたのです。農民の問題は私の問題であったのです」

「農政とは単に米や麦をどうするかというような生産だけの問題ではない。農民の生きる姿勢が第一なのだと思います。自分の住む地域を人権の砦にするというような情熱を〝わが農業〟の中に流したい。私はそんな意志でこれに積極的に参加しようと思っています」[2]

〝農民の問題は私の問題であった〟のは山代氏に限らず、守田さんにしてもそうであった。ただ決定的に違うことは、山代氏は村落共同体をいわば〝諸悪の根源〟と見、守田さんはそれを〝社会の錘《おもり》〟と見たのだった。つぎのように――。

「部落というものが「にっぽん社会」の風船のひもが求めている錘となりうる唯一の本源的な存在のようにさえ思えてくるのである。部落の外に出たあまり者達が、足りない知恵で部落をなんとかしようとする気配がしばしばみられる。（略）その知恵の足りなさが悲しいのだ（略）」[3]（傍点引用者）。

二 「対話学習」とは

「農家を訪れるけれども農村調査と銘打ったようなことは久しくしたことがない」、村には行くが調査はしない、という守田さんの村めぐりは、どのようなものだったのか。かたちからいえば、それはおもにつぎの三つだった。

一つは「中期講習」への出席と講義。

二つは東北地方の「農家交流会」への参加。

三つは、右の中期講習や交流会に集まった農家への訪問。

この交流会や中期講習とは何か。いずれも㈳農山漁村文化協会（農文協）の文化運動に関わるものである。以下『農文協三十五年史』『農文協五十年史』を参考にしながら記述する。

昭和四三（一九六八）年四月以来、農文協文化部は東北地方において「グループまわり」を濃密に行なった。昭和三九年（東京オリンピックの年）以後数年、米の需要が伸び各地で増産の気運が高まっていた。稲作農家の自主的な技術研究グループが誕生し、精農家の技術の視察も盛んに行なわれていた。「普及所や社会教育行政と無関係に、農民自身が部落なり村の範囲ではぐくんでいる増収研究のグループをさがして、文化部職員が東北六県をめぐり歩いた。（略）一見、犬も歩けば式に見えるし、事実そうであったが、やがて、農民の自立したグループ活動の活発な地域をさぐりあてることに巧みとなり、多くの質的に高い（つまり自立度の高い）グループを発見していった。そうしたグループの発生の事情や活動内容から学び、整理することで、農民の自立した活動の運動形態を認識するようになる」[4]。

グループの発見が軌道に乗り、定期的な接触がつづけられるようになった段階で、グループとグループの相互交流を図るために農家交流会（当初は懇談会と呼ばれていたようである）を開くこととなった。昭和四四（一九六九）年三月のことである。出席者斎藤厳さんが記している。

「当時は米の増収ブームのときであり、寒河江式、片倉式（いずれも山形県の精農家の稲作方式―引用者注）などそれぞれの信じるところがぶつかり合い、議論沸騰のあまり、録音の聞き取り不能というような場面もあったようだ。（略）とはいえ、技術の話だけに終始したのではむろんない。一回目においてもすでに農についての考え、農業をどうするかを、自分の問題としてさまざまな面から考え議論しあっていた」（本書三一四頁）。

以後、県の範囲で、また東北六県を通じたメンバーで、この懇談会（交流会）が盛んに開かれるようになってきた。

「交流会という方式は農文協のユニークな文化運動となった。（略）いずれも農文協が自主的農家の研究グループを発掘して各グループから一、二名ずつ一〇名前後の人を選び、年一回の会合の設営をする。少人数であるから会は議長を決めず議題も特に設けず、参加者がもっている問題を話題として二日間を自由に流れるままの会議に費やすのである。人対人のコミュニケーションである。いずれも自主的な歩みをしているグループのリーダーを農文協が掘り出した人たちの会合であるから、参加者にとって互いに何等かのうるところはある。(略)毎年の顔ぶれがあまり変わらないから、『あの人に会えて話が聞けるから』という参加者もあるし、『農閑期の慰安を兼ねた蓄電のため』という要素もあって差し支えない。参加者は何らかの獲物をえて帰る」(5)

世話する農文協文化部は、会議の内容には触れず、議題を用意することもなく、発言せずただ聞くのみ、という姿勢を貫いた。

やがて農文協はこの交流会の出席者を母体として「中期講習会」と称するものを開くようになる。この講習会は「キャンペーン的な講習会や分科会方式による研究集会などのやり方とはまったく異なって、一〇数名の小人数で数日間、講師の話を聞いては討論をくりかえす」(6)というものであった。中期という命名は、短期でないその時間の長さと濃さによるものだという。

さて、この講習会の講師に、農文協は、いったい、誰を起用したのか？　ほかならぬ守田志郎氏であった。

講習会について、守田さん自身がこう書いている。

「人生にかけても農業にかけても確実につわものといってよい感じの十三人の男たちが、わたしをなかばとりかこむようにして坐っていた。こわい顔の人は一人もいないのだが、わたしは皆がこわい。こわくてもここに坐ってしまった以上、わたしは話をしなくてはならない。それも五分六分ではない。その時、ちょうど午前九時。いまから今夜の九時まで、そしてあすも午前九時から午後九時まで、そしてさらにあさって、午前九時から午後二時まで。二時間わたしが話をして一時間の懇談、また二時間話をして一時間の懇談、とやっていく」

「体力の問題ではない。農家の人たちにむかって何をわたしが話すことができるだろうか、それを思うともう精神的に参ってしまう。それでも、なぜかわたしは耐えなければならない。十三人の農家の人たちが、いまわたしとのつきあいの三日間を耐えようとしてくれているからなのである」

「そしてとうとう三日間はすぎ、わたしは十三人の人たちと別れのあいさつをした。こんなことってありうるだろうか。一人の退席者もなく……。まったく信じられない。感謝、というほかはない。参加した農家の人たちが得たものよりも、話をしたわたしの方がはるかに多くを教えてもらったことを思えば一層感謝である」

「そして、この集まりに参加して、そのあとも直接間接にわたしに色々と教えて下さっている農家のかたがたにも、お名前はあげませんがここで御礼申上げます。そして、どのかたがたも、それぞれに豊かな農業の日々を送っておられることに感動していますし、今後もそうであることをお祈りします」(7)
(傍点引用者)。

長く引用したのは、「調査はしない」が「村には行く」守田さんが、そこでやっていたことが、尋常のものではなかったことをいいたいからである。「こんなことってありうるだろうか」と守田さんは、一人の退席者もなかったことについていうのだが、読む側としては二日半の時間を農家と共有して〝はるかに多くを教えてもらった〟といい、〝それぞれに豊かな農業の日々を送っておられることに感動〟する学者が存在したことに〝こんなことってありうるだろうか〟と思うわけである。

（なお、この「中期講習会」は現在もつづけられ、講師は哲学者・労働論の内山節氏が担当していると聞く。また懇談会（交流会）は昭和四四（一九六九）年三月に開かれた第一回以来、三〇余年たったいまも、毎年開催されている。設営も農家自身の手に移され、その名も「東北農家の会」となった）。

三　農業から農耕へ

守田さんは「中期講習」の講師をつとめただけでなく「懇談会（交流会）」にも必ず出席していた。その記録をみると、農家が交す談論風発をだまって聞いていたようで、ほとんど発言はしていない。ただ問われれば話した。この本の第一部「農耕を考える日々」は、その数少ない発言の記録である。なお、本書三四ページの八行目にある「例年どおり勉強会が十二月にあって」というのは、「中期講習会」のことであって、守田さんとしてはこの会を、自分が講師をつとめる講習会ととらえるのでなく、「勉強会」と考えていたことがわかる。

さて、第二部が守田さんの「講義」である。じつは、この「中期講習会」の講義録はもう一点刊行されていて、『農家と語る農業論』がそれである。この「中期講習」を守田さんは六回やっており（昭和四七（一九七二）年三月三～五日を皮切りに、以降同年十二月一七～一九日、昭和四九年二月一〇～一二日、昭和五〇年二月一～三日、同年十二月一三～一五日、昭和五二年二月一九～二一日、いずれも宮城県白石市にて）、後半では話の中味、語り方を少し手直ししたようである。その手直しした部分がこの『日本の農耕』に当たる。参考までに『農家と語る農業論』の構成を記しておこう。

第一講　農業生産力論／第二講　農地所有論／第三講　商業資本と農家／第四講　「むら」の歴史／第五講　農業の本質／第六講　農法論／特論　なぜに農法を考える

さて、この『日本の農耕』の中で守田さんが言いたかったこと、一貫して説明しようとしていることは二点ある。第一に米は権力の手によって作らされた。第二に畑には作りまわし（日本的ローテーション）があった。——この二点である。

守田さんには『米の百年』（一九六六年、御茶の水書房）という名著があって、そのまえがきに「米つぶの歴史でなく人間の歴史として米の歴史をえがくこと、その試みは、私なりに実現しえたと思っている」とある。労作をものしたのちに守田さんは「米のことはもういいんです」と言っていた。ではなにが「まだよくないのか」。それを私は問わなかったが、あるいはこうだったかもしれない。

〈経済や技術の歴史としてでなく、人間の歴史として農耕の歴史を描くこと〉

この『日本の農耕』を読むと、そのように思えてくる。もとより、人間の歴史といっても、その人間とは耕す者のことである。耕す側に視座を置くと、米は作らされた、畑には農耕者の知恵（「日本型ローテーション」）があったという二点が、骨太い筋として見えてくる。

『農業論』がやや経済史的であるのに対し『日本の農耕』は直截に農耕論である。「農業」から「農耕」へ。そこに視座は定められた。

「もしも自分たちが食べる分だけつくればいい、あるいは少し売る、殿様に若干収めるという具合に、田んぼというものを自分の思うように使っていい、ということになっていれば、（略）一町歩の人が五反も六反も田んぼにして、これを何代も何代も絶対に動かさずにずっといるということにはならなかったかも知れない。（略）湿地で畑地にならない田んぼが昔はずいぶんあるわけだから。〝これだけはひとつもっぱら米だけに使っていくことにしよう〟、畑地になるような裏作もでき表作もできるような所は、〝もっと畑と入れ換えて使っていこう〟というようなこともありえたのではないか」（本書一七二頁）。

もし、米が「つくらされた」のでなければ、「日本的ローテーション」は水田にも及び、田と畑は結合して、相互に転換可能な「耕地」となるというわけであり、そこに日本の農法という、探究に値する雄大な山脈が現われる。守田さんが死の直前（一九七六年）に著した『農業にとって技術とはなにか』こそ、そのような日本農法探究の結実なのであった。また、遺稿「登呂」（没後『文化の転回』に所収）

の、スリリングな謎解きを読めば、海辺に田を造るという、農法に無知だった権力者の愚挙をまざまざと知ることができる。農法は農民のものなのである。

四　受容

農家は守田さんの〝骨太い筋〟をどう感じ、どう受け容れたか。

第三部の「守田先生の講義をきいて」は、この講習会のたぶん二日目の夜に、参加した農家が交わした会話の記録である。

農家はとまどっている。

「俺が学校で習った理屈とだいぶ違う。びっくりしている。」（二一二頁）

議論はあちこちと飛びながら、というよりも大きく旋回しながら進む。

「権力者が半強制的みたいに農民に押しつけたようだけど、これは私の想像なんだが……いやだと思えば、あの頃の農耕する人間は米を受け付けなかったはず」（二一六頁）

「食べてないということから出発して、それをふまえてね。米は食べないが米をつくりたいのだという要求は、（農民の気持に）何があったんだろうか」（二一六頁）

「五穀をつくる、そのなかで、やっぱり米がいちばんつくりやすい、そして食ってもうまいというこ

とで米が出てきたわけだな」（二一七頁）

「食べてなくても、食べたいという願望はもってた」（二二〇頁）

一見脈絡のない、各人バラバラの議論のようにみえるが、私はそうは読まない。「食べたいという願望はもってた」という発見は、耕す人でなければ思いつかないことである。

旋回しながら、だんだんと議論はある点に煮つまってくる。「つまり、米つくりは権力による強制があったという面と、農民が一所懸命努力して麦や豆を一方でつくりながら米つくりもうんと発展させてきたという面と二つある」（二二一頁）

このような理解が参加農民の中に生まれてくる。

第四部は、交流会、のちの東北農家の会の記録である。昭和三九年から四四年（一九六四〜六九年）にかけて米増産時代の熱気の中を生きた人たちが、減反政策が次第に拡大していく四九年から五四年（一九七四〜七九年）にかけて、どう生活と生産を切り開いていったかの生々しい記録として読むことができる。「守田学校の同窓生」(8)たちが集まって、いまをどう認識しどう生きるかを、自由闊達に、また、静かな黙考の気配も感じさせて語り合っている。

一気に読み下して、生産と生活が分離せずに存在する、その存在のかたちゆえに生れる思想を感得したい。一ヵ所だけ引用する。

「仲間の中では一応の結論めいたものが出てきた。一口でいうと、減反を受け入れるということだ。

これは、強制されたから泣き泣き減反するということではなく、これをきっかけにして自分の経営を見直してみようという、積極的な減反受入れ論だ。この考えの裏には、守田先生の話にも出てくるところの（権力者によって農家の気持の中に――引用者注）「植えつけられた水田の絶対視」というもの、そういうものからの脱却という考えがある。水田を絶対視するいままでの政策の中で、特に平坦地では菜園畑まで水田にしてきたという経過がある。それに対して、いわゆる複合経営、田と畑のかね合い、そしてそこに畑が入ってくるという、本来の農家の暮らしを、この減反をきっかけに考えてみようということになった。敗北やあきらめの姿勢ではなく、むしろ積極的に自分の経営の確立、つまりは水田の畑地化と家畜の導入を考えていこうとなった。これは結局は敗北なのかどうか、皆さんに聞いてみたい」（本書三〇四頁）。

〝皆さん〟と問われているのは、居並ぶ〝同窓生〟たちだけではない。私たちも問われている。このような人たちと対峙したとき、〝人権の砦〟を説くか、〝本源的な存在〟を見据えるか。

それはどちらか一方というものではない？

いや、少なくとも村を〝人権意識皆無〟と断定するよりは〝社会の錘〟としてつきあう方が、お互い、何かと得るものは多いと、私は思う。

（1） 新島淳良・編集発行『墳』一九九七年二月号一三頁。

（2）山代巴「地域を人権の砦に」『農業共済新聞』一九七六年五月四週号
（3）守田志郎『小さい部落』一六九頁
（4）『農文協三十五年史』一九五頁
（5）近藤康男『農文協五十年史』二一三頁
（6）『農文協三十五年史』一九六頁
（7）守田志郎『農家と語る農業論』一～二頁
（8）近藤康男『農文協五十年史』二一三頁

（はらだ・しん　農事評論家）

守田志郎著作案内

この案内は故・守田志郎氏の一九六七年以降の著作を刊行順に紹介したものです。＊印を除いて全点、人間選書に収められています。――編集部

むらがあって農協がある（一九六七年、家の光協会発行の『村落社会と農協』を改題し、一九九四年、農文協より復刊。川本彰解説）

「部落ほど自分たちで自分たちを守って、そして他人に迷惑をかけずに長くやってきた団体を、ほかにあげることができるだろうか」「協の字はいかにも理念的だ。力を三つ合わせているあたりはえらく意識したものを感じさせられる。」「部落の共同関係はそのような人為的なものではない」――こんな言葉が随所に出てくる本書は、次に紹介する『農業は農業である』のすこし前に書かれたもので、「むら」について経済学や社会学という既存のメガネからでなく、事実に基づいて読者とともに考えを進めていく本。「部落を遺制と扱う歴史的見方を払拭し、『日本の村』において守田部落論を完成させる」（川本氏解説）土台となった作品です。

農業は農業である（一九七一年、農文協。室田武解説）

発行後四半世紀以上たちますが、いまでも新しい読者が生まれるロングセラーです。ヨーロッパ農業視察旅行に出た著者が、近代農業の先輩のように見られた彼の地の農業に、土にどっしりと根を下した自然とともにある人間の暮らしそのものを発見する感動が、そのまま日本の農業を考える思索となり、結局農業は農業であって工業ではないし、なにかの役割を受けもつシステムの歯車の一つでもない、農業は暮らしだという結論に達します。室田武氏はこの本を「農学の古典」と呼びました。

農法―豊かな農業への接近（一九七二年、農文協。中岡哲郎解説）

『農業は農業である』で述べられた基本的な考え方を農家の田畑や畜舎という具体的な場面に即して考察を進めた本。

「農業は農業である」と著者がいうとき、その意味はまず農業は工業ではないという意味であり、さらに農業は産業ではないという意味があります。農業は、暮らしです。だから工業的な手法や産業的な観点からする農業への指導や誘導には拒絶をもって臨もうと訴え、そのために、農業技術を近代技術としてでなく「農法」として考えようというわけです。農法とは、農家の暮らしの中ではぐくまれ、「ふと気がついてみれば、そこに変化があった、というようなもの」で、そういう変化は「決してあとへは戻らないし、破壊的なマイナスをもたらしたりもしない」。強いて言えばそれが「農業における農業的進歩」なのだと著者はいいます。

「食膳を豊かに、農法はそこからはじまる」など、平易な語り口調で書かれた本書は、身体にあわせた農法で産直や朝市に元気に取り組む女性や高齢者農業の方々の自信を深めてくれる一冊です。解説の中岡哲郎氏は守田氏を「常識の体系に楔を打ちこんだ思想家」と呼びました。

＊小さい部落（一九七三年、朝日新聞社。のち『日本の村』と改題。農政調査委員会『部落』一九七二年を再編成したもの）

『農業は農業である』になぞらえていえば「むらはむらである」とでもいうべき本。むつかしいといえばむつかしいが、読みごたえのある本で、ほんとうに、著者といっしょに一つ一つ階段をのぼりつめていく感じです。「部落を、生きている化石として見る迷妄にとざされている間の私は、いくたび部落を訪れてみても、部落についての何事も知ることはできなかったように思う。そして、ようやく筆をとることができるようになったとき、どうやら私は農業史の研究者としての自分を捨てることができたようにも思う」。「日本における、市民と自負する私達の背広はしだいに色褪せはじめ、その足は大地から離れて、いとも頼りなげに遊離するかに見えてくる」「私を含めて都市に住んでいるものが市民」で、「日々そこで暮し、米や野菜や牛乳や卵や蚕を生産している農家の人達は……市民になりそこねたのろまとでもいうことになるのだろうか」。日本での部落にかんする常識に「大きなまちがい」を感じ始めた、著者の思索の大きさが胸を打ちます。疲れた「市民」が、農的暮らしの原理に心身の癒しのすべを見出そうとし始めたいま、本家本元の農家の方々が、むらの真骨頂を再発見するためにおすすめします。むらがむらであり続け、都市と融合するのではなく連携するために。

農家と語る農業論（一九七四年、農文協　玉真之介解説）

歴史と経済学を捨て、農家農村の真実を発見しようと努めてきた著者の、これはいはば「守田農学概論」です。農業生産力論、農地所有論、商業資本と農家、むらの歴史、農法的思考などをめぐって農家との連続講習会で講義した記録であり、農業農村の全体像を農民の眼で把握しなおすのに最適のテキスト。読みやすい本です。この本で、たくさんの守田ファンが生まれました。

むらの生活誌（一九七五年、中央公論社発行の『村の生活誌』を改題し一九九四年、農文協より復刊。内山節解説）

主として東北地方のさまざまな農家を訪れ、労働と健康のこと、食生活のこと、若者と年寄り、山と里、水をめぐってなどを聞き書きした生活誌。別に意識してではなく、「生きている農村のなかで本物の農民として生きつづける」農民とその生活のなかに「何よりも確実な……近代批判の時空」を発見、共有する——と内山節氏は解説します。著者は〃二日半ぶっとおし〃の講習会を農家の人々と毎年つづけました。その会に出席した農家を訪ねた記録です。物質的な豊かさとこころの豊かさが一体になっている農村の暮らしのあり方がよくわかります。

＊二宮尊徳（一九七五年、朝日新聞社）

農民の出でありながら農耕について一切語らず、百姓を貨幣の動きのなかに引き入れ豊かにしようと必死に働いた尊徳を、現代日本が追い込まれ、あるいは私たち自らが招いた独特の経済社会の先駆的体現者として描きあげた著者唯一の評伝書。客観主義を排し、尊徳に「私のなかにあって、他の半身といつも相克の間柄にあるもう一つの半身」を見、著者自身の葛藤を抱きながら著述した本です。

小農はなぜ強いか（一九七五年、農文協　徳永光俊解説）

小さいことの意味、農の延長〝兼業〟、土は作物がつくる、自然農法という誤解、畑作にきく稲のこと、部落を通して自然に対す、など主として『現代農業』に書き続けてきた著者の農法論とむら論のその後の展開を収録した本です。「小農世界の静かな息づかい」と時代に翻弄されない強靭さとその根拠を明確に浮き彫りにしています。著者は技術者ではありません。しかしというか、だからというか、この本はじつにうがった現代農業技術批判の書となっています。「がんらい堆肥の作り方などというものはない。堆肥とは空気のようなもので、呼吸の仕方を知らない人はいない。だが一方で深呼吸をしたりヨガの呼吸法があったりする。それに似ている」というような意表をつく論の立て方がいっぱいあるおもしろい本です。

農業にとって技術とはなにか（一九七六年、東洋経済新報社。のち一九九四年、農文協より復刊。徳永光俊解説）

先にあげた『農法』で「技術は進んでも、農法は進むとは限らない」とした著者が、両者の相違を追究した生前最後の作品。農耕が農業に、農法が技術にゆがめられる過程を、時には奈良時代までさかのぼって深く考究した、技術そのものの概念内容に変更を迫る労作。いまの機械化農業にふと〝どこかおかしい〟と感じる方には必読の本です。

農業にとって進歩とは（一九七八年、農文協）

生前著者が『現代農業』に寄稿した論文や農文協主催の講習会で講義した記録のなかから農業資材に関して述べているものを収録。品種、肥料、機械など諸々の資材が、農家の農耕の自由にいかに作用するかという観点から洞察。『農業にとって技術とはなにか』の論点をより現場に即して解析した本。

＊文化の転回（一九七八年、朝日新聞社）

晩年の代表的ェッセイのほか遺稿「登呂」「ある農村の歴史」を収録。登呂遺跡を訪ね、海に近すぎる不思議を感知し、多くの発掘記録や論説を一つ一つ解読しながら、最後の結論「田んぼは権力によって造らされた」に達する筆の運びは、あたかも推理小説を読むような興奮を読者に与えます。

対話学習　日本の農耕（本書、一九七九年、農文協。原田津解説）

講習会で著者が講義し、それをめぐって農家が討論する、その両方を収録しました。社会制度史に付随した農業史ではなく、庶民の暮らしと自然との関わりあいを土台にした新しい日本農業史の骨格がみえる本です。農家の討論も貴重な記録になっています。

学問の方法（一九八〇年、農文協）

自らの学問を、金、銀、銅のいずれでもない「鉛の社会学」と規定することで状況と学問を関わらせる新たな方法を見出そうとした晩年の論考集。本書によって読者は、著者がなぜ既存の学問を捨てなければならなかったのか、「鉛の」学問を、文字を書かなかった庶民と同じ感性で物事を見る見方を、守田さんがいかにして追究してきたかを知り、学問の本当のきびしさを感じとるでしょう。

守田志郎（もりた　しろう）

1924　シドニーに生まれる
1943　成城学園成城高等学校卒業
1946　東京大学農学部農業経済学科卒業
1946～1950　農林技官
1954　東京大学農学部農業経済学科大学院修了
1952～1968　財団法人協同組合経営研究所研究員
1968～1972　暁星商業短期大学教授
1972～　名城大学商学部教授
1977.9.6　歿

対話学習　日本の農耕　人間選書239

1979年11月1日　初版第1刷発行
1980年3月25日　初版第2刷発行
2002年2月15日　人間選書版第1刷発行

著者　守田志郎

発行所　社団法人　農山漁村文化協会
郵便番号　107-8668　東京都港区赤坂7丁目6-1
電話　(03)3585-1141（営業）(03)3585-1145（編集）
FAX(03)3589-1387　振替　00120-3-144478

ISBN 4-540-01240-1　印刷／藤原印刷
（検印廃止）　製本／根本製本

定価はカバーに表示
Printed in Japan
乱丁・落丁本はお取り替えいたします。